零件数控铣削加工

钟如全　王小虎　主编

国防工业出版社

·北京·

内 容 简 介

本书是一本校企合作编写的教材,按照工作过程为导向的课程改革要求进行编写,以企业实际工作过程和工作环境组织教学,通过典型任务分析,达到理论和技能与生产实际结合的效果。

全书共分为"数控铣床基本操作"、"外轮廓铣削加工"、"内轮廓铣削加工"、"孔加工"、"坐标变换编程"、"宏程序编程"、"自动编程"等七个学习情境。除情境一外,其他每个学习情境都按照任务目标→任务引入→相关知识→任务实施→项目训练等内容展开,内容由浅入深,循序渐进,逐步培养学生数控铣削加工的相关技能。

本书可作为高等职业院校数控技术专业、机械制造专业、模具设计与制造专业等数控铣削加工教学做一体化教材,也可作为企业技术人员参考、培训用书。

图书在版编目(CIP)数据

零件数控铣削加工/钟如全,王小虎主编. —北京:
国防工业出版社,2013.9
ISBN 978 – 7 – 118 – 09035 – 2

Ⅰ.①零… Ⅱ.①钟… ②王… Ⅲ.①机械元件 – 数控机床 – 铣削 – 教材 Ⅳ.①TH13②TG547

中国版本图书馆 CIP 数据核字(2013)第 216225 号

※

*国防工业出版社*出版发行
(北京市海淀区紫竹院南路 23 号 邮政编码 100048)
北京奥鑫印刷厂印刷
新华书店经售

*

开本 787×1092 1/16 印张 15¼ 字数 348 千字
2013 年 9 月第 1 版第 1 次印刷 印数 1—4000 册 定价 34.00 元

(本书如有印装错误,我社负责调换)

国防书店:(010)88540777 发行邮购:(010)88540776
发行传真:(010)88540755 发行业务:(010)88540717

《零件数控铣削加工》编委会

主　编：钟如全　王小虎
副主编：鲁淑叶　辜艳丹　熊　隽
参　编：燕杰春　袁洞明　范绍平　邱　昕
　　　　何　苗　邹左明　李勇兵　张晓辉
　　　　李卫东
主　审：杨华明

前　言

为了培养适应社会需要的高端技能型人才，本书以四川信息职业技术学院数控技术专业为试点，从岗位工作任务分析着手，通过课程分析、知识和能力分析，构建了"以任务为驱动，以项目为载体"的高职数控技术专业课程体系；以基于工作过程为向导，结合企业生产实际和零件制造的工作流程，分析完成每个流程所必需的知识和能力结构，归纳课程的主要工作任务，选择合适的载体，构建主体学习情境；按照任务驱动、项目导向，以典型零件为主线，基于真实的工作过程，培养学生数控加工工艺、编程、机床操作、零件加工和质量检验全过程的知识和技能。

数控技术专业是学院的重点专业，学院联合企业组建了课程开发团队，在此基础上将"零件数控铣削加工"及"零件数控车削加工"开发为省级精品课程，并精心设计，以精品课程建设为契机，开发配套了教材《零件数控铣削加工》及《零件数控车削加工》，并在网站上配套相关的学习内容及课件（"零件数控车削加工"精品课程网站为 http://jpkc.scitc.com.cn/jpkc/2010/jpkc_cx/，"零件数控铣削加工"精品课程网站为 http://jpkc.scitc.com.cn/jpkc/2009/ljsk/）。

本书彻底打破了传统的学科体系，以学生为中心，以应用能力的培养为目标，以学生的视角来安排教学。在内容上将所有用到的理论知识根据需要分配到每一个情境中，用什么讲什么，针对性强。通过情境教学，结合生产实际，由浅入深，循序渐进，融数控编程、数控加工工艺、数控机床操作于一体，使学习者掌握数控机床加工操作、数控机床加工程序及工艺规程文件编制等完成工作任务所必需的学习内容。教材共分为七个学习情境，情境中各任务难度总体上呈递进关系，情境后配有拓展训练任务，供学生训练使用，每个情景按学习目标→学习任务→学习导读→任务解析→任务实施等内容展开。在培养学生娴熟的职业技能的同时，在教学中结合安全管理和职业资格标准培养学生爱岗敬业、勇于创新、善于沟通、团结协作等良好的职业品质。

本书由学校与行业、企业合作编写，由四川信息职业技术学院钟如全、王小虎主编。其中学习情境1由王小虎、袁洞明编写；学习情境2由钟如全、邱昕编写，○八一电子集团塔山湾精密制造车间张晓辉主任协作编写；学习情境3由鲁淑叶、李勇兵编写；学习情境4由辜艳丹、范绍平编写，成飞132厂数控车间高级技师李卫东协作编写；学习情境5和情境6由熊隽、何苗、邹左明编写；学习情境7由钟如全、燕杰春编写。教材中的程序由钟如全、王小虎校验，全书由钟如全、王小虎统稿。

本书由四川信息职业技术学院杨华明副教授审阅,在编写过程中,杨华明副教授及〇八一电子集团张晓辉和成飞132厂李卫东提出了许多宝贵意见,在此表示衷心的感谢。

由于编者水平有限,教材中难免有错误和不当之处,恳请读者批评指正。

编 者

目 录

学习情境 1　数控铣床基本操作 ·· 1

1.1　任务目标 ··· 1
1.2　相关知识 ··· 1
　　1.2.1　安全知识 ··· 1
　　1.2.2　认识数控机床 ·· 3
　　1.2.3　认识数控铣床 ·· 5
　　1.2.4　数控机床坐标系 ·· 17
　　1.2.5　数控铣床程序编制基础 ·· 20
　　1.2.6　数控铣床常用刀柄系统介绍 ··· 36
　　1.2.7　手动操作与对刀 ·· 38
　　1.2.8　报警处理与机床维护 ··· 50
　　1.2.9　数控加工仿真系统 ·· 53
1.10　综合应用 ··· 63

学习情境 2　外轮廓铣削加工 ··· 64

2.1　任务目标 ·· 64
2.2　任务引入 ·· 64
2.3　相关知识 ·· 65
　　2.3.1　立铣刀的介绍 ··· 65
　　2.3.2　铣削用量的选用 ··· 66
　　2.3.3　立铣刀的周铣削工艺 ·· 69
　　2.3.4　坐标平面选择指令 ·· 72
　　2.3.5　圆弧插补指令 ··· 72
　　2.3.6　刀具补偿 ·· 74
2.4　任务实施 ·· 82
　　2.4.1　工艺分析 ·· 82
　　2.4.2　确定走刀路线及数控加工程序编制 ··· 85
　　2.4.3　注意事项与误差分析 ··· 91
2.5　项目训练 ·· 93

学习情境 3　内轮廓铣削加工 ··· 95

3.1　任务目标 ·· 95

3.2 任务引入 …………………………………………………………………… 95
　　3.3 相关知识 …………………………………………………………………… 96
　　　　3.3.1 内轮廓加工工艺 …………………………………………………… 96
　　　　3.3.2 数控铣床夹具 ……………………………………………………… 101
　　　　3.3.3 子程序的应用 ……………………………………………………… 104
　　　　3.3.4 量具的选择 ………………………………………………………… 109
　　3.4 任务实施 …………………………………………………………………… 112
　　　　3.4.1 工艺分析 …………………………………………………………… 112
　　　　3.4.2 确定走刀路线及数控加工程序编制 ……………………………… 118
　　3.5 项目训练 …………………………………………………………………… 121

学习情境4 孔加工 …………………………………………………………… 123

　　4.1 任务目标 …………………………………………………………………… 123
　　4.2 任务引入 …………………………………………………………………… 123
　　4.3 相关知识 …………………………………………………………………… 124
　　　　4.3.1 孔的钻削 …………………………………………………………… 124
　　　　4.3.2 扩孔加工 …………………………………………………………… 131
　　　　4.3.3 铰孔加工 …………………………………………………………… 133
　　　　4.3.4 镗孔加工 …………………………………………………………… 136
　　　　4.3.5 螺纹加工 …………………………………………………………… 140
　　　　4.3.6 孔加工方法介绍 …………………………………………………… 145
　　4.4 任务实施 …………………………………………………………………… 146
　　　　4.4.1 零件工艺分析 ……………………………………………………… 146
　　　　4.4.2 确定走刀路线及数控加工程序编制 ……………………………… 148
　　　　4.4.3 注意事项与误差分析 ……………………………………………… 155
　　4.5 项目训练 …………………………………………………………………… 160

学习情境5 坐标变换编程 …………………………………………………… 163

　　5.1 任务目标 …………………………………………………………………… 163
　　5.2 任务引入 …………………………………………………………………… 163
　　5.3 相关知识 …………………………………………………………………… 164
　　　　5.3.1 极坐标与局部坐标编程 …………………………………………… 164
　　　　5.3.2 比例缩放与坐标镜像编程 ………………………………………… 168
　　　　5.3.3 坐标系旋转编程 …………………………………………………… 174
　　5.4 任务实施 …………………………………………………………………… 176
　　　　5.4.1 工艺分析 …………………………………………………………… 176
　　　　5.4.2 确定走刀路线及数控加工程序编制 ……………………………… 179
　　5.5 项目训练 …………………………………………………………………… 184

学习情境 6　宏程序编程 ··· 186

　6.1　任务目标 ··· 186

　6.2　任务引入 ··· 186

　6.3　相关知识 ··· 187

　　6.3.1　宏程序编程的使用 ··· 187

　6.4　任务实施 ··· 193

　　6.4.1　工艺分析 ··· 193

　　6.4.2　确定走刀路线及数控加工程序编制 ··· 197

　6.5　项目训练 ··· 199

教学单元 7　自动编程 ·· 201

　7.1　任务目标 ··· 201

　7.2　任务引入 ··· 201

　7.3　相关知识 ··· 202

　　7.3.1　自动编程的方法 ·· 202

　　7.3.2　自动编程的软件介绍 ··· 202

　7.4　任务实施 ··· 203

　7.5　项目训练 ··· 216

附录一　FANUC 数控铣床和加工中心指令 ··· 219

附录二　SIEMENS 810D 数控铣床和加工中心指令 ··· 222

附录三　华中数控铣床和加工中心指令 ··· 229

参考文献 ·· 233

学习情境1　数控铣床基本操作

1.1　任务目标

知识点
- 认识数控机床
- 数控机床坐标系
- 数控编程概述
- G00/G01指令
- 数控铣床常用刀柄系统

技能点
- 数控编程方法
- 数控铣床的操作
- 数控铣床的日常维护
- 仿真系统的操作

1.2　相关知识

1.2.1　安全知识

1. 安全文明生产

1）概念

安全生产:是指在生产中,保证设备和人身不受伤害。

进行安全教育、提高安全意识、做好安全防护工作是生产的前提和重要保障。如:进入车间要穿工作服,袖口要扎紧,不准穿高跟鞋、凉鞋,要戴安全帽,女生要把长发盘在帽子里,操作时站立位置要避开铁屑飞溅的地方等。

文明生产:是指在生产中,设备和工量刃辅具的正常使用,并保持设备、工量刃辅具及场地的清洁和有序。

设备和工量刃辅具要按照其正常的使用功用和使用方法使用,不能移作它用,不能超出使用范围。还要注意量具的零配件、附件不要丢失、损坏;机床使用前应按照规范进行润滑等。

要保持设备、工量刃辅具和场地的清洁。时常用干净的棉纱擦拭双手、操作面板、工量刃辅具,经常用铁屑钩子或毛刷清理导轨和拖板上的铁屑。下班后按照规范将机床、地面清扫干净。

保持设备、工量刃辅具和场地的有序。工量刃辅具的摆放要规范,使用完毕后放回原处。下班后将工量刃辅具擦拭干净,放入工具箱中。

作好交接班工作,下班时填写交接班记录并锁好工具箱门。对于公用或借用物品要及时归还。在批量生产中,毛坯零件、已加工零件、合格零件和不合格零件要按照规定的区域分开放置。

安全生产和文明生产合称安全文明生产。对于安全生产的操作规范称为安全操作规程,对于文明生产的操作规范称为文明操作规程,二者合称安全文明操作规程。对于每一种机床都有相应的安全文明操作规程来具体规定相应的安全文明操作要求。

2)意义

保证人身和设备的安全;保证设备、工量刃辅具必备的精度和性能,以及足够的使用寿命。

3)要求

(1)牢固树立安全文明生产的意识。明确数控加工的危险性,如不遵守安全操作规程,就有可能发生人身或设备安全事故。如不遵守文明操作规程,野蛮生产,就会影响设备、工量刃辅具的使用性能和精度,大大降低使用寿命。要理解安全操作规程的实质,善于总结操作、经验和教训,培养安全文明生产意识。

(2)严格按照操作规程操作设备,养成良好的操作习惯。良好的操作习惯不仅能够提高生产效率,获得较好的经济效率,而且还能最大程度地避免安全事故的发生。

2. 数控铣床安全操作规程

(1)进入车间之前,检查着装是否正确。禁止戴手套操作机床,禁止穿裙、穿拖鞋进入生产现场,女生必须戴好安全帽,不准在生产现场嬉戏打闹。

(2)严格按照操作规范操作设备,禁止擅自操作设备。

(3)开机前,检查机床自动润滑系统油箱中的润滑油是否充裕,发现不足应及时补充;检查压力、冷却、油管、刀具、工装夹具是否完好,做好机床的定期保养工作。

(4)开机顺序应遵守先打开压缩空气开关,再打开机床电源,然后打开系统电源(机床控制面板上的"ON"按钮)启动数控系统,最后待系统自检完毕后,旋转开急停按钮并复位。

(5)开机后首先进行回参考点操作。按照 $+Z$、$+Y$、$+X$ 的顺序依次完成回参考点操作;回参考点后应及时退出参考点,按照 $-X$、$-Y$、$-Z$ 的顺序依次退出。

(6)在移动 X、Y 轴之前,必须使 Z 轴处于较高位置,以免撞刀。

(7)主轴装刀时要确保机床处于停止状态。在换刀时,身体和头部要远离刀具回转部位,以免碰伤;刀具装入主轴或刀库前,应擦净刀柄和刀具;装入主轴或刀库的刀具不得超过规定的重量和长度。

(8)工件装夹时要夹紧,以免工件飞出造成事故;装夹完成后,要将工具取出拿开,以免造成事故。

(9)在自动运行程序前,认真检查程序编制、参数设置、刀具干涉、工件装夹,确保其正确性。加工前关闭防护门,在操作过程中必须集中注意力,一旦发现问题,及时按下紧急停止按钮。

(10)在操作过程中出现报警时,要及时报告车间管理人员,及时排除警报。

(11) 机床操作过程中,旁观者禁止接触控制面板上的任何按钮、旋钮,以免发生意外及事故;更不允许把玩高压气枪。

(12) 操作所需的工具、工件、量具等要放在工具柜里,并摆放整齐。爱护量具,保持量具清洁,每天用完后擦净涂油并放入盒内。

(13) 爱护机床并保持机床周边环境的卫生,每天用后要将工作台上的切屑清理干净,搞卫生时不能用湿棉纱等带水物件接触机床;注意不得使切屑、切削液等进入主轴。

(14) 严禁任意修改、删除机床参数。

(15) 关闭机床前,应使 X、Y 轴处于中间位置,Z 轴处于较高位置,将刀柄从主轴上取下并擦净,放入工具柜;注意要将进给速度调节旋钮置零。

(16) 关机时,先按下急停按钮,再关闭系统电源(控制面板上的"OFF"按钮),然后关闭机床电源,最后关闭压缩空气开关。

1.2.2 认识数控机床

1. 数控机床的分类

数控机床是指采用数字控制技术按给定的运动轨迹进行自动加工的机电一体化加工设备。

按照机床主轴的方向分类,数控机床可分为卧式数控机床(主轴位于水平方向)和立式数控机床(主轴位于垂直方向)。按照加工用途分类,数控机床主要有以下几种类型:

1) 数控铣床

用于完成铣削加工或镗削加工的数控机床称为数控铣床。图 1-1 所示为立式数控铣床。

2) 加工中心

加工中心是指带有刀库(带有回转刀架的数控车床除外)和自动换刀装置(Automatic Tool Changel,ATC)的数控机床。通常所指的加工中心是指带有刀库和刀具自动交换装置的数控铣床。图 1-2 所示为 DMG 五轴立式加工中心。

图 1-1 立式数控铣床

图 1-2 DMG 五轴立式加工中心

3) 数控车床

数控车床是用于完成车削加工的数控机床。通常情况下也将以车削加工为主并辅以铣削加工的数控车削中心归类为数控车床。图 1-3 所示为卧式数控车床。

4) 数控钻床

数控钻床主要用于完成钻孔、攻螺纹等加工,有时也可完成简单的铣削加工。数控钻床是一种采用点位控制系统的数控机床,即控制刀具从一点到另一点的位置,而不控制刀具的移动轨迹。图1-4所示为立式数控钻床。

图1-3　卧式数控车床　　　　　　　　图1-4　立式数控钻床

5）数控电火花成型机床

数控电火花成型机床(即电脉冲机床)是一种特种加工机床,它利用两个不同极性的电极在绝缘液体中产生的电腐蚀来对工件进行加工,以达到一定形状、尺寸和表面粗糙度要求,对于形状复杂及难加工材料模具的加工有其特殊优势。电火花成型机床如图1-5所示。

6）数控线切割机床

数控线切割机床工作原理与电火花成型机床相同,但其电极是电极丝(钼丝、铜丝等)和工件。如图1-6所示。

图1-5　数控电火花成型机床　　　　　图1-6　数控线切割机床

7）其他数控机床

数控机床除以上几种常见类型外,还有数控磨床、数控冲床、数控激光加工机床、数控超声波加工机床等多种形式。

2. 数控机床的组成

数控机床由机床主体、数控系统、伺服系统三大部分构成。具体结构以图1-7所示立式加工中心为例来加以说明。

数控机床主体部分主要由床身、主轴、工作台、导轨、刀库、换刀装置、伺服电动机、数控系统等组成。

数控系统由程序的输入/输出装置、数控装置等组成，其作用是接收加工程序等各种外来信息，并经处理和分配后，向驱动机构发出执行命令。

伺服系统位于数控装置与机床主体之间，主要由伺服电动机、伺服电路等装置组成。它的作用是根据数控装置输出信号，经放大转换后驱动执行电动机，带动机床运动部件按约定的速度和位置进行运动。

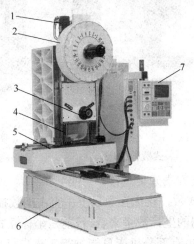

图1-7 数控机床的组成
1—伺服电动机；2—刀库及换刀装置；3—主轴；4—导轨；5—工作台；6—床身；7—数控系统。

3. 数控机床工作原理

数控机床是一种装有程序控制系统的自动化机床。数控机床加工之前，首先根据零件形状、尺寸、精度和表面粗糙度等技术要求制定加工工艺，选择加工参数；其次通过手工编程或利用CAM软件自动编程，将编好的加工程序输入到控制器；然后控制器对加工程序处理后，向伺服装置传送指令；最后伺服装置向伺服电动机发出控制信号，主轴电动机使刀具旋转，X、Y和Z向的伺服电动机控制刀具和工件按一定的轨迹相对运动，从而实现对工件的切削加工。

1.2.3 认识数控铣床

数控铣床是一种加工功能很强的数控机床。加工中心、柔性制造单元、柔性制造系统等都是在数控铣床、数控镗床的基础上产生的。数控铣床能够完成基本的铣削、镗削、钻削、攻螺纹及自动工作循环等工作，可加工各种形状复杂的凸轮、样板及模具零件等。

1. 数控铣床的基本介绍

1）数控铣床的类型

（1）按构造分类。

① 工作台升降式数控铣床。这类数控铣床采用工件台移动、升降，而主轴不动的方式。小型数控铣床一般采用此种方式。如图1-8所示。

② 主轴头升降式数控铣床。如图1-9所示，这类数控铣床采用工作台纵向和横向移动，且主轴沿垂向溜板上下运动。该类铣床在精度保持、承载重量、系统构成等方面具有很多优点，已成为数控铣床的主流。

③ 龙门式数控铣床。如图1-10所示，这类数控铣床主轴可以在龙门架的横向与垂向溜板上运动，而龙门架则沿床身作纵向运动。因要考虑到扩大行程、缩小占地面积及刚性等技术上的问题，大型数控铣床往往采用龙门式结构。

  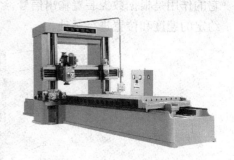

图1-8　工作台升降式数控铣床　　　图1-9　主轴头升降式数控铣床　　　图1-10　龙门式数控铣床

（2）按通用铣床的分类方法分类。

① 立式数控铣床。立式数控铣床在数量上一直占据数控铣床的大多数，应用范围也最广。从机床数控系统控制的坐标数量来看，目前三坐标立式数控铣床仍占大多数，一般可进行三坐标联动加工，但也有部分机床只能进行3个坐标中的任意两个坐标联动加工（常称为2.5轴加工）。此外，还有机床主轴可以绕X、Y、Z坐标轴中的其中一个或两个轴作数控摆角运动的四坐标和五坐标数控立铣。

② 卧式数控铣床。与通用卧式铣床相同，其主轴轴线平行于水平面，如图1-11所示。为了扩大加工范围和扩充功能，卧式数控铣床通常采用增加数控转盘或万能数控转盘来实现4、5坐标加工。这样，不但工件侧面上的连续回转轮廓可以加工出来，而且可以实现在一次安装中，通过转盘改变工位，进行"四面加工"。

③ 立卧两用数控铣床。如图1-12所示，目前这类数控铣床已不多见，由于这类铣床的主轴方向可以更换，能达到在一台机床上既可以进行立式加工，又可以进行卧式加工，而同时具备上述两类机床的功能，其使用范围更广，功能更全，选择加工对象的余地更大，且给用户带来方便。这类机床特别适合生产批量小、品种较多，需要立、卧两种方式加工的场合。

图1-11　卧式数控铣床　　　图1-12　立卧两用数控铣床

2) 数控铣床加工特点

数控铣床除了具有普通铣床加工的特点外,还具有如下加工特点:

(1) 零件加工的适应性强、灵活性好,能加工轮廓形状特别复杂或难以控制尺寸的零件,如模具类零件、壳体类零件等。

(2) 能加工普通机床无法加工或很难加工的零件,如用数学模型描述的复杂曲线零件以及三维空间曲面类零件。

(3) 能加工一次装夹定位后,需进行多道工序加工的零件。

(4) 加工精度高,加工质量稳定可靠。

(5) 生产自动化程度高,可以减轻操作者的劳动强度,有利于生产管理自动化。

(6) 生产效率高。

(7) 对刀具的要求较高,数控加工用刀具应具有良好的抗冲击性、韧性和耐磨性。在干式切削状况下,要求有良好的红硬性。

3) 数控铣床加工对象

数控铣削主要包括平面铣削与轮廓铣削,也可以对零件进行钻、扩、铰、锪和镗孔加工与攻螺纹等。其主要适合于下列几类零件的加工。

(1) 平面类零件。平面类零件是指加工面平行或垂直于水平面,以及加工面与水平面的夹角为一定值的零件,这类加工面可展开为平面。

如图 1-13 所示的三个零件均为平面类零件。其中,曲线轮廓面 A 垂直于水平面,可采用圆柱立铣刀加工。凸台侧面 B 与水平面成一固定角度,这类加工面可以采用成型铣刀来加工。对于斜面 C,当工件尺寸不大时,可用专用夹具(如斜板)垫平后加工。

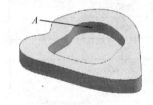
(a) 轮廓面 A
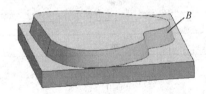
(b) 轮廓面 B
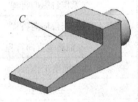
(c) 轮廓面 C

图 1-13 平面类零件

(2) 曲面类零件。加工面为空间曲面的零件(如模具、叶片、螺旋桨等)称为曲面类零件,如图 1-14 所示零件中的两个曲面内腔。曲面类零件不能展开为平面。加工时,铣刀与加工面始终为点接触,一般采用球头刀在三坐标数控铣床上加工。当零件曲面特别复杂,三坐标数控铣床无法满足加工时,也可采用四坐标或五坐标数控机床进行加工。

(3) 箱体类零件。箱体类零件一般是指具有一个以上孔系,内部有一定型腔或空腔,在长、宽、高方向有一定比例的零件。如汽车的发动机缸体、变速箱体,机床的床头箱、主轴箱等,如图 1-15 所示为一高速发动机箱体零件。

箱体类零件一般都需要进行多工位孔系、轮廓及平面加工,公差要求较高,特别是形位公差要求较为严格,通常要经过铣、钻、扩、镗、铰、锪、攻丝等工序,需要刀具较多,在普通机床上加工难度大,精度难以保证。这类零件在数控铣床上或加工中心上加工,一次装夹可完成普通机床 60%~95% 的工序内容,零件各项精度一致性好,质量稳定,同时节约加工成本,缩短生产周期。

图 1-14 曲面类零件

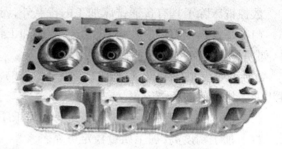
图 1-15 箱体零件

虽然数控铣床加工范围广泛,但是因受数控铣床自身特点的制约,某些零件仍不适合在数控铣床上加工,如简单的粗加工面、加工余量不太充分或很不均匀的毛坯零件,以及生产批量特别大、而精度要求又不高的零件等。

4) 数控铣床的技术参数

数控铣床的主要技术参数有各坐标轴行程、主轴转速范围、进给速度、快速移动速度、坐标轴重复定位精度等。对零件进行加工前,应考虑机床的各项指标是否能够满足零件加工要求。表 1-1 是 KV650 立式数控铣床(配备 FANUC 0i 数控系统)的部分参数。

表 1-1 KV650 立式数控铣床技术参数(部分)

名 称	单 位	数 值
工作台面积(宽×长)	mm	405×1370
工作台纵向行程	mm	650
工作台横向行程	mm	450
主轴箱垂直向行程	mm	500
主轴端面至工作台面距离	mm	100~600
主轴锥孔	ISO40	(BT40 刀柄)
转速范围	r/min	60~6000
进给速度	mm/min	5~8000
快速移动速度	mm/min	10000
定位精度	mm	0.008
重复定位精度	mm	0.005
机床需气源	MPa	0.5~0.6
加工工件最大重量	kg	700

2. 常用数控系统介绍

1) FANUC 数控系统

FANUC 数控系统由日本富士通公司研制开发,该数控系统在我国得到了广泛的应用。目前,中国市场上用于数控铣床(加工中心)的数控系统主要有 FANUC 21i - MA/MB/MC、FANUC 18i - MA/MB/MC、FANUC 0i - MA/MB/MC、FANUC 0 - MD 等。

2) SIEMENS 数控系统

SIEMENS 数控系统由德国西门子公司开发研制的,该系统在我国数控机床中的应用也相当普遍。目前,中国市场上常用的 SIEMENS 系统有 SIEMENS 840D/C、SIEMENS 810T/M、802D/C/S 等型号。除 802S 系统采用步进电动机驱动外,其他型号系统均采用伺服电动机驱动。SIEMENS 828D 铣床数控系统操作面板如图 1-16(a)所示。

3) 主要国产数控系统

自 20 世纪 80 年代初,我国数控系统生产与研制得到了飞速的发展,如华中数控系统、广州数控系统、大连大森系统、北京凯恩帝数控系统、南京华兴数控系统等。其中最为普及的是广州数控系统(如 GSK983MA)、华中数控系统(如 HNC-22M)及北京凯恩帝数控系统(KND100M),如图 1-16(b)、(c)所示。

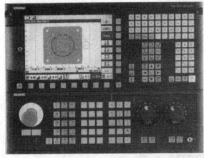  

(a) SIEMENS 828D 系统面板　　(b) GSK983MA 系统面板　　(c) HNC-818BM 系统面板

图 1-16　各数控系统面板

4) 其他系统

除了以上三类主流数控系统外,国内使用较多的数控系统还有日本三菱数控系统、法国施耐德数控系统、西班牙的法格数控系统和美国的 A-B 数控系统等。

3. 数控铣床面板功能介绍

由于数控机床的生产厂家众多,同一系统数控机床的操作面板可能各不相同,但其系统功能相同,因此操作方法也基本相似。现以自贡长征机床厂生产的 KV650 立式数控铣床(FANUC 0i 数控系统)为例说明面板上各按钮的功能。机床面板如图 1-17 所示,总体上分为三块区域,其中上方区域为 MDI 键盘区,中间及下方区域分别为机床控制面板区及系统电源区。

1) 机床控制面板

该区域内的按钮/旋钮为机床厂家自定义功能键。本书用加" "的字母或文字表示,如"MDI"、"限位解除"等。

2) MDI 键盘

MDI 键盘主要用于实现机床工作状态显示、程序编辑、参数输入等功能,主要分为 MDI 功能键区和显示区。

本书中用加 □ 的字母或文字表示 MDI 功能按键,如 PROG 、POS 等。用加 [ ] 的字母或文字表示显示区下方的软功能键,如[程序]、[工件系]等。

图 1-18 所示为 FANUC 0i 数控系统的 MDI 键盘,它分为功能键区(右半部分)和显示区(左半部分)。

(1) 各按键功能。MDI 键盘各按键功能如表 1-2 所示。

图 1-17 FANUC 0i 数控铣床面板

图 1-18 MDI 键盘

表 1-2 MDI 键盘各功能键

功能方向	MDI 功能键	功能
显示功能键	POS	(POS)机床位置界面
	PROG	(PROG)程序管理界面
	OFS/SET	(OFFSET SETTING)补偿设置界面
	SYSTEM	(SYSTEM)系统参数界面

(续)

功能方向	MDI 功能键	功　　能
显示功能键		(MESSAGE)报警信息界面
		(COSTOM GRAPH)图形模拟界面
地址数字键		实现字符的输入,选择 SHIFT 键后再选择字符键,将输入右下角的字符。例如:选择 O/P 将在 LCD 的光标所处位置输入"O"字符,选择 SHIFT 键后再选择 O/P 将在光标所处位置处输入 P 字符;字符键中的"EOB"将输入";"号,表示换行结束
编辑键		(SHIFT)上挡键,用于输入上挡字符或与其他键配合使用
		(CAN)删除键,用于删除缓存区中的单个字符
		(INPUT)输入键,用于输入补偿设置参数或系统参数
		(ALTER)替换键,用于程序字符的替换
		(INSERT)插入键,用于插入程序字符
		(DELETE)删除键,用于删除程序字、程序段及整个程序
翻页键		翻页键,用于在屏幕上向前或向后翻页
光标移动键		光标键,用于将光标向箭头所指的方向移动
帮助键		(HELP)帮助键,用于显示系统操作帮助信息
复位键		(RESET)复位键,用于使机床复位
操作选择软键		位于显示屏下方,用于屏幕显示的软键功能选择

（2）显示区布局。FANUC 数控系统显示区的显示内容随着功能状态选择的不同而各不相同。在此以"编辑"状态下的程序管理界面为例介绍显示区的布局及显示内容,如图 1-19 所示。

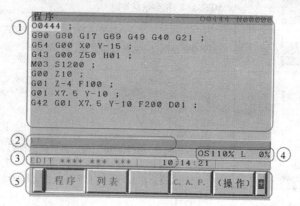

图 1-19　显示区

显示区中的各显示内容如表 1-3 所示。

表 1-3　显示区内容

编号	显示内容
①	主显示区,该区域显示各功能界面,如机床位置界面、程序管理界面等
②	缓存区,该区域为系统接收输入信息的临时存储区。当需要输入程序及参数,选择 MDI 键盘上的字符时,该字符首先被输入到缓存区,再按下 INSERT 或 INPUT 键后才被输入到主显示区中
③	工作状态显示区,该区域显示当前机床的工作状态,如"编辑"(EDIT)状态、"自动"(MEM)状态、"报警"(ALM)状态、系统当前时间等
④	倍率修调显示区,该区域显示主轴倍率及进给倍率
⑤	软功能显示区,该区域显示与当前工作状态相对应的软功能,通过显示器下方的操作选择软键进行选择

（3）各显示界面。

① 机床位置界面。该界面的显示内容与机床工作状态的选择有关,在不同的工作状态其显示内容不尽相同。

当机床工作状态为"编辑"时,选择 POS 功能键进入机床位置界面,点击菜单软键[相对]、[绝对]、[综合],显示界面将对应显示相对坐标、绝对坐标、综合坐标,如图 1-20 所示。

• 相对坐标界面:相对坐标中的坐标值可在任意位置归零或预设为任意数值,该功能可用于测量数据、对刀、手工切削工件等方面。

若需将当前某坐标值归零,则输入该坐标轴后按菜单软键[归零]完成该操作;若需预设某坐标值,则先输入坐标轴及预设数值(如"Y-100."),按菜单软键[预置]完成该操作。

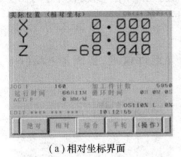
(a)相对坐标界面

(b)绝对坐标界面

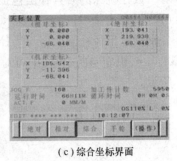
(c)综合坐标界面

图1-20 机床位置界面

[例1-1] 将当前的 Z 坐标值归零。方法为:通过字符键输入 Z,按菜单软键[归零]完成该操作。

• 绝对坐标界面:当机床工作状态为"自动运行"时,该坐标系显示数据与编程的坐标数据相同,可通过其检查程序路线与刀具轨迹是否一致。

• 综合坐标界面:在该界面下,可同时显示相对坐标、绝对坐标及机床坐标,将机床的工作状态调节为"自动运行"时,该界面同时显示"待走量"坐标数据。

② 程序管理界面。该界面的显示内容与机床工作状态的选择有关,在不同的工作状态其显示内容不尽相同。

当机床工作状态为"编辑"时,选择 PROG 功能键进入程序管理界面,选择菜单软键[列表],将列出系统中所有的程序,选择菜单软键[程序]或复选 PROG ,将显示当前正在编辑的程序,当机床工作状态调节为"自动运行"时,将显示程序检查界面,如图1-21所示。

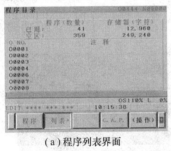
(a)程序列表界面

(b)当前程序界面

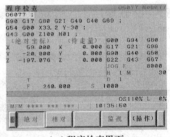
(c)程序检查界面

图1-21 程序管理界面

③ 补偿设置界面。选择 OFS/SET 功能键进入补偿设置界面,包含三个方面:工件坐标系(G54-G59 工件原点偏移值设定)、偏置(设置刀具补偿参数)、设定(参数输入开关等设置)。

• 工件坐标系设置:选择菜单软键[工件系],进入工件坐标系设置界面,该界面主要用于设置对刀参数,如图1-22(a)所示。

• 偏置设置:选择菜单软键[偏置],进入补偿参数设置界面,该界面主要用于设置刀具补偿参数,如图1-22(b)所示。

13

数控铣床的刀具补偿包括刀具半径补偿和刀具长度补偿。在补偿参数表中,"外形(H)"与"磨损(H)"分别表示长度补偿数据与长度磨损数据;"外形(D)"与"磨损(D)"分别表示半径补偿数据与半径磨损数据。

● 设定:在该界面中可对系统参数写入状态、I/O 通道等进行设置,如图 1-22(c)所示。

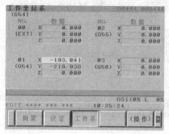 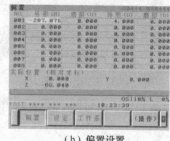 

(a) 工件坐标系设置　　　　　(b) 偏置设置　　　　　(c) 设定

图 1-22　补偿设置界面

④ 报警信息界面。选择 MESSAGE 功能键进入报警信息界面,如图 1-23 所示。该界面可显示机床报警信息及操作提示信息,操作者可根据信息内容排除报警,或按照操作提示信息进行操作。

当机床有报警产生时,LCD 下方将显示报警(红色的"ALARM"字样闪烁),同时机床三色指示灯中的红灯亮,在该界面下,通过选择功能软键[报警]及[组号]查询相关信息,也可选择[履历]查询报警信息的历史记录。

⑤ 图形模拟界面。选择 COSTOM GRAPH 功能键进入图形模拟界面,该界面用于校验程序时模拟显示刀具路线图。选择功能软键[参数],设置图形模拟时的图形参数;选择功能软键[图形],观察刀具路线图,确认程序是否正确。图形模拟界面如图 1-24 所示。

 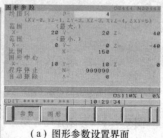 

　　　　　　　　　　　　　　　　(a) 图形参数设置界面　　　(b) 刀具路线模拟界面

图 1-23　报警信息界面　　　　图 1-24　图形模拟界面

⑥ 帮助界面。选择 MDI 键盘上的 HELP 功能键,进入数控系统帮助界面,在此界面可以通过相应的软功能键(如[报警]等)查询报警详述、系统操作方法及参数信息,如图 1-25 所示。

(2) 控制面板。KV650 数控铣床的控制面板如图 1-26 所示。

在表 1-4 中列出了该控制面板上各按钮的名称及功能。

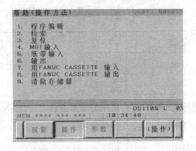

图 1-25 帮助界面

图 1-26 KV650 数控铣床控制面板

表 1-4 按钮说明

功能方向	按钮	名称	功能说明
工作状态选择		自动运行（AUTO）	此状态下,按"循环启动"按钮可执行加工程序
		编辑（EDIT）	此状态下,系统进入程序编辑状态,可对程序数据进行编辑
		手动数据输入（MDI）	此状态下,系统进入 MDI 状态,手工输入简短指令,按"循环启动"执行指令
		在线加工（DNC）	此状态下,系统进入在线加工模式,通过计算机与 CNC 的连接,可执行外部输入/输出设备中存储的程序
		回参考点（REF）	机床初次上电后,必须首先执行回参考点操作,然后才可以运行程序

(续)

功能方向	按钮	名称	功能说明
工作状态选择		手动（JOG）	机床处于手动连续进给状态,与坐标控制按钮配合使用可以实现坐标轴的连续移动
		增量进给/步进（INC）	机床处于步进状态,与坐标控制按钮配合使用可以实现坐标轴的单步移动
		手轮（HANDLE）	机床处于手轮控制状态,与"手持单元选择"按钮配合使用可实现手轮(手持单元)控制坐标轴移动
程序运行方式选择		单段（SINGLE BLOCK）	在自动运行状态下,此按钮选中时,程序在执行完当前段后停止,按下"循环启动"按钮执行下一程序段,下一程序段执行完毕后又停止
		程序跳步（BLOCK DELETE）	此按钮被按下后,数控程序中的跳步指令"/"有效,执行程序时,跳过"/"所在行程序段,执行后续程序
		选择停止（OPT STOP）	此按钮被选中后,自动运行程序时在包含"M01"指令的程序段后停止,按下"循环启动"按钮继续运行后续程序
		程序停止	自动运行程序时在包含"M00"指令的程序段后停止,按下"循环启动"按钮继续运行后续程序
		空运行（DRY RUN）	此按钮被选中后,执行运动指令时,按系统设定的最大移动速度移动,通常用于程序效验,不能进行切削加工
		机床锁住（MC LOCK）	此按钮按下后,机床进给运动被锁住,但主轴转动不能被锁住
	辅助功能锁住	辅助功能锁住	在自动运行程序前,按下此按钮,程序中的 M、S、T 功能被锁住不执行
	Z轴锁住	Z轴锁住	在手动操作或自动运行程序前,按下此按钮,Z轴被锁住,不产生运动
辅助控制选择	手持单元选择	手持单元选择	与"手轮"按钮配合使用,用于选择手轮方式
	主冷却液	主冷却液	按下此按钮,冷却液打开;复选此按钮,冷却液关闭
	手动润滑	手动润滑	按下此按钮,机床润滑电动机工作,给机床各部分润滑;松开此按钮,润滑结束;一般不用该功能
	限位解除	限位解除	用于坐标轴超程后的解除。当某坐标轴超程后,该按钮灯亮,点按此按钮,然后将该坐标轴移出超程区。超程解除后需回零
自动循环状态选择		循环暂停（CYCLE STOP）	此按钮被按下后,正在运行的程序及坐标运动处于暂停状态(但主轴转动、冷却状态保持不变),再按"循环启动"后恢复自动运行状态
		循环启动（CYCLE START）	程序运行开始;当系统处于"自动运行"或"MDI"状态时按下此按钮,系统执行程序,机床开始动作

(续)

功能方向	按钮	名称	功能说明
坐标控制		增量倍率	采用"步进"或"手轮"方式移动坐标轴时,可通过该按钮选择增量步长。×1 = 0.001mm,×10 = 0.01mm,×100 = 0.1mm,×1000 = 1mm
		X/Y/Z轴选择按钮	手动状态下 X/Y/Z 轴选择按钮
		负/正方向移动按钮	手动或步进状态下,按下该按钮使所选轴产生负/正移动;在回零状态时,按下"+"按钮将所选轴回零
		快速按钮(RAPID)	同时按下该按钮及负/正方向按钮,将进入手动快速运动状态
主轴控制		主轴控制按钮	依次为:主轴正转(CW)、主轴停止(STOP)、主轴反转(CCW)
急停		急停按钮(E-STOP)	按下急停按钮,使机床立即停止运行,并且所有的输出(如主轴的转动等)都会关闭。该按钮在紧急情况或关机时使用
倍率修调		主轴倍率/进给倍率修调旋钮	主轴倍率(Spindle Speed Override)用于调节主轴旋转倍率(50%~120%);进给倍率(Feed Rate Override)用于调节进给/快速运动倍率(0%~120%)
系统电源		系统电源开关	用于打开(ON)或关闭(OFF)系统电源
写保护		写保护开关	程序是否可以编辑的保护开关,当置于"I"时打开写保护,置于"O"时关闭写保护

(3)工作指示灯。数控机床的工作指示灯(三色灯)一般安装在机床外壳或系统面板上方,操作者可以通过观察指示灯的状态来判断数控机床的工作状态。数控机床工作指示灯由红、黄、绿三个指示灯组合而成,具体内容如表1-5所示。

表1-5 指示灯说明

指示灯状态	功能指示
红灯亮	机床有报警信息,无法正常运行,需及时排除故障
黄灯亮(频闪)	机床有操作信息,操作者应根据信息内容进行必要操作后再运行机床
绿灯亮	机床工作正常

1.2.4 数控机床坐标系

在数控机床上,机床的动作是由数控装置来控制的,为了确定数控机床上的成型运动和辅助运动,必须先确定机床上运动的位移和运动的方向,这就需要通过坐标系来实现。因此,数控编程与操作的首要任务就是确定机床的坐标系。

1. 机床坐标系

在数控机床上加工零件,机床动作是由数控系统发出的指令来控制的。为了确定机床的运动方向和移动距离,就要在机床上建立一个坐标系,这个坐标系就叫做机床坐标系,也称为标准坐标系。机床坐标系是机床上固有的,用来确定工件坐标系的基本坐标系。

1) 机床坐标系的确定原则

(1) 右手笛卡儿直角坐标系原则。数控机床的坐标系采用右手笛卡儿直角坐标系。如图 1-27(a)所示,三根手指自然伸开、相互垂直,大拇指的方向为 X 轴正方向,食指的方向为 Y 轴正方向,中指的方向为 Z 轴正方向;在图 1-27(b)中,规定了旋转轴 A、B、C 轴的转动正方向。

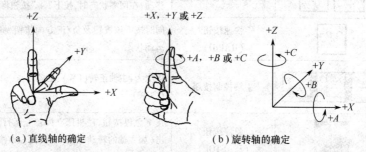

(a) 直线轴的确定　　　　(b) 旋转轴的确定

图 1-27　右手笛卡儿直角坐标系

(2) 刀具相对于静止工件运动原则。数控铣床的加工动作主要分刀具动作和工件动作两部分。在确定机床坐标系的运动方式时假定刀具相对于静止的工件而运动,即工件不动,刀具运动。

(3) 运动方向判断原则。对于机床坐标系的方向,均以增大工件和刀具间距离的方向为正方向。即刀具远离工件的方向为正方向。

2) 机床坐标系的确定方法

数控铣床的机床坐标系方向如图 1-28 和图 1-29 所示,确定方法如下:

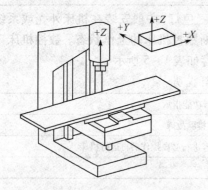 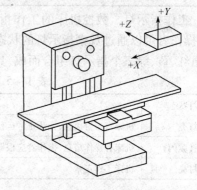

图 1-28　立式升降台铣床坐标系　　　图 1-29　卧式升降台铣床坐标系

(1) Z 轴。Z 轴坐标的运动由传递切削力的主轴所决定,无论哪种机床,与主轴轴线平行的坐标轴即为 Z 轴。根据坐标系正方向的确定原则,在钻、镗、铣加工中,钻入或镗入工件的方向为 Z 轴的负方向,相反为正方向。

(2) X 轴。X 轴坐标一般为水平方向,它垂直于 Z 轴且平行于工件的装夹面。对于立式铣床,Z 轴方向是垂直的,判断方式为站在工作台前,从刀具主轴向立柱看,水平向右

为 X 轴的正方向,如图 1 - 28 所示。对于卧式铣床,Z 轴是水平的,则从主轴向工件看(即从机床背面向工件看),向右方向为 X 轴的正方向,如图 1 - 29 所示。

(3) Y 轴。Y 轴坐标垂直于 X、Z 坐标轴,根据右手笛卡儿直角坐标系(图 1 - 27)来进行判别。由此可见,确定坐标系各坐标轴时,总是先根据主轴来确定 Z 轴,然后确定 X 轴,最后确定 Y 轴。

(4) 旋转轴。旋转运动 A、B、C 表示其相对应轴线平行于 X、Y、Z 坐标轴的旋转运动。A、B、C 的正方向,相应地表示在 X、Y、Z 坐标正方向上按照右旋旋进的方向,如图 1 - 27 (b) 所示。

2. 机床原点、机床参考点

1) 机床原点

机床原点(亦称为机床零点)是机床上设置的一个固定点,用以确定机床坐标系的原点。它在机床装配、调试时就已设置好,一般情况下不允许用户进行更改。机床原点又是数控机床加工运动的基准参考点,数控铣床的机床原点一般设在刀具远离工件的极限点处,即各坐标轴正方向的极限点处。

2) 机床参考点

机床参考点是数控机床上一个特殊位置的点,机床参考点与机床原点的距离由系统参数设定。如果其值为零,则表示机床参考点与机床原点重合,则机床开机返回机床参考点(回零)后显示的机床坐标系的值为零;如果其值不为零,则机床开机回参考点后显示的机床坐标系的值即是系统参数中设定的距离值。

对于大多数数控机床,开机第一步总是首先进行返回机床参考点操作。开机回参考点的目的就是为了建立机床坐标系,并确定机床坐标系的原点。该坐标系一经建立,只要机床不断电,将永远保持不变,并且不能通过编程对它进行修改。

3. 编程坐标系

1) 编程坐标系

编程坐标系是针对某一工件,根据零件图样而建立的用于编制加工程序的坐标系。编程坐标系的原点称为编程原点,它是编制加工程序时进行数据计算的基准点。

2) 编程原点的一般选择方法

编程原点在高度方向一般取在工件的上表面。编程原点在水平方向的选择有两种情况:当工件对称时,一般以对称中心作为编程原点;当工件不对称时,一般选取工件其中的一角或尺寸标注基准作为编程原点,另外,还需要考虑编程数据计算是否方便等因素。如图 1 - 30 所示。

4. 加工坐标系

1) 加工原点

加工原点亦称工件原点,是指工件(毛坯)在机床上被装夹好后,相应的编程原点在机床坐标系中的坐标位置。

在运行程序之前,首先要将加工原点在机床坐标系中的坐标位置输入数控系统,然后数控系统才能根据加工原点坐标值及编程数据来完成对工件的加工。确定加工原点在机床坐标系中的坐标位置是通过对刀来实现的,有关对刀的相应知识在后续章节中将会详细介绍。

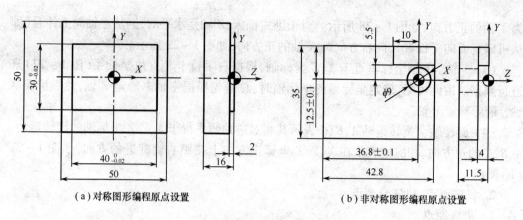

(a) 对称图形编程原点设置　　　　　(b) 非对称图形编程原点设置

图 1-30　编程原点设置

加工原点与编程原点的区别在于它们的确定位置不同，加工原点是在实际被加工工件（毛坯）上确定的加工基准，而编程原点是在图纸上确定的编程基准；加工原点相对于实际工件（毛坯）的位置可以发生改变，编程原点相对于图纸上工件位置是固定的。

当毛坯上的加工余量不均匀时，需要合理选择加工原点，才能保证工件加工结果的完整性。如图 1-31 所示的工件，因其毛坯各表面不平整、材料缺陷，因此加工原点选择如图所示位置。高度方向上低于毛坯上表面，水平方向上为了保证工件的完整性而需要偏离毛坯的对称中心。

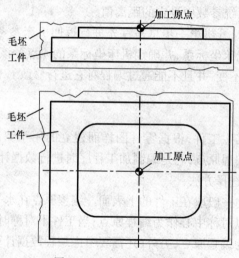

图 1-31　加工原点的设置

2）加工坐标系

加工坐标系亦称工件坐标系，当加工原点确定后，加工坐标系便随之确定。加工坐标系的各坐标轴方向与编程坐标系各坐标轴方向相同。

1.2.5　数控铣床程序编制基础

1. 数控编程基础知识

1）数控编程的定义

为了使数控机床能根据零件加工的要求进行动作，必须将这些要求以机床数控系统能识别的指令形式告知数控系统,这种数控系统可以识别的指令称为程序,制作程序的过程称为数控编程。

2）数控编程的分类

数控编程可分为手工编程和自动编程两种。

(1) 手工编程。手工编程是指所有编制加工程序的全过程(图样分析、工艺处理、数值计算、编写程序单、制作控制介质、程序校验等)都由手工来完成。

手工编程不需要计算机、编程器、编程软件等辅助设备,只需要有合格的编程人员即可完成。手工编程比较适合批量较大、形状简单、计算方便、轮廓由直线或圆弧组成的零件。但对于形状复杂的零件,特别是具有曲面轮廓的零件,采用手工编程计算量大、编程复杂,适合采用自动编程的方法进行编程。

(2) 自动编程。自动编程是指采用计算机进行数控加工程序的编制。其优点是效率高,程序正确性好。自动编程由计算机代替人完成复杂的坐标计算和书写程序单的工作,它可以完成许多手工编程无法完成的复杂零件的编程;其缺点是必须具备自动编程系统或编程软件。自动编程较适合于形状复杂零件的加工程序编制,如模具零件、需要采用多轴联动加工的零件等。

采用CAD/CAM软件自动编程与加工的过程为:图样分析、零件造型、编程参数设置、生成刀具轨迹、后置处理生成加工程序、程序校验、程序传输及加工(图1-32)。

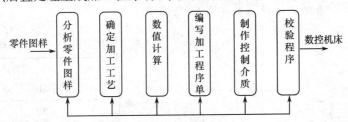

图1-32 数控编程的步骤

3）数控编程的内容与步骤

(1) 分析零件图样:主要进行零件轮廓分析,零件尺寸精度、形位精度、表面粗糙度、技术要求的分析以及零件材料、热处理等要求的分析。

(2) 确定加工工艺:选择加工方案,确定加工路线,选择定位与夹紧方式,选择刀具,选择各项切削参数,选择对刀点、换刀点等。

(3) 数值计算:选择编程坐标系原点,对零件轮廓上各基点或节点进行准确的数值计算,为编写加工程序单作好准备。

(4) 编写加工程序单:根据数控机床规定的指令及程序格式编写加工程序单。

(5) 制作控制介质:简单的数控加工程序可直接通过键盘进行手工输入。当需要自动输入加工程序时,必须预先制作控制介质。现在大多数程序采用软盘、移动存储器、硬盘作为存储介质,采用计算机传输进行自动输入。

(6) 校验程序:加工程序必须经过校验并确认无误后才能使用。程序校验一般采用机床空运行的方式进行,有图形显示功能的机床可直接在LCD显示屏上进行校验,另外还可采用计算机数控模拟等方式进行校验。

4）数控编程的数学运算

对零件图形进行数学处理是数控编程前的主要准备工作之一。根据零件图样,用适当的方法将数控编程有关数据计算出来的过程,称为数学运算。数学运算的内容包括零件轮廓的基点和节点坐标以及刀位点轨迹坐标的计算。

(1) 基点的计算。零件的轮廓由许多不同的几何要素组成,如直线、圆弧、二次曲线等,各几何要素之间的连接点称为基点,如图 1-33 中的 A、B、C、D、E 均为基点。

基点的计算常采用以下两种方法计算：

① 人工求解。此方法是根据零件图样上给定的尺寸,运用代数或几何的有关知识,计算出基点数值。

[例 1-2] 如图 1-33 所示,编程坐标系原点为 O 点,X、Y 轴方向如图中所示。要完成该零件的编程,必须找出基点 O、A、B、C、D 的坐标值。通过分析该零件图中各尺寸,O、A、C、D 四点的坐标值可以直接得出,但 B 点位于 AB 直线段与 BC 圆弧线段的切点处,不能直接得出,因此需要通过联立方程求解。

以 O 点为计算坐标系原点,列出以下两方程：

直线方程：$Y = \tan(\alpha + \beta) X + 12$

圆弧方程：$(X - 80)^2 + (Y - 26)^2 = 30^2$

通过解方程组可求得 B 点坐标为($X64.279, Y51.551$)。

以上图形中的各基点计算结果如表 1-6 所示。

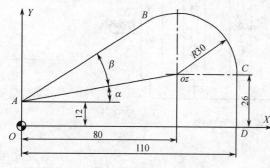

图 1-33 基点计算图样

表 1-6 例 1-2 各基点坐标数据

基 点	坐标值	
O	X0	Y0
A	X0	Y12.0
B	X64.279	Y51.551
C	X110.0	Y26.0
D	X110.0	Y0

虽然通过人工方法可以求得基点的坐标值,但计算量相对较大,计算过程相对较复杂,当零件图中需要计算的基点坐标值较多时,此方法不利于提高计算效率。因此当计算量较大时通常采用 CAD 软件进行基点坐标分析与查取。

② CAD 软件绘图分析。用 CAD 软件绘图分析基点坐标值时,首先根据零件图样用 CAD 软件(如 AutoCAD)绘制出与需要查取基点坐标值相关的图形,再根据软件自带的坐标点查询功能或标注尺寸的方式查取出该基点坐标值。

(2) 节点的计算。如果零件轮廓是由直线或圆弧之外的其他曲线构成,而数控系统又不具备该曲线的插补功能,其数据计算就比较复杂。为了方便这类曲线数据的计算,将其按数控系统的插补功能要求,在满足允许误差的条件下,用若干直线或圆弧来逼近,便能够为其数据计算提供方便。通常将这些相邻直线段或圆弧段的交点或切点称为节点。

如图 1-34 中所示的曲线是采用直线逼近,该曲线与逼近直线的各交点(如 A、B、C、D、E、F、G)即为节点。

在进行数控编程前,首先需要计算出各节点坐标值,但用人工求解的方法比较复杂,通常情况下需要借助 CAD/CAM 软件进行处理,按相邻两节点间的直线进行编程。如图 1-34 所示,通过选择 7 个节点,使用 6 个直线段来逼近该曲线,因而有 6 个直线插补程序段。当节点的数量越多,由直线逼近曲线而产生的误差越小,同时程序段则越多。可以看出,节点数目的多少,决定了加工精度及程序长度。

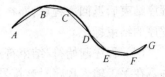

图 1-34 轮廓节点

2. 数控加工程序的格式

每一种数控系统,根据系统本身的特点与编程的需要,都规定有相应的程序格式。对不同的机床,其程序格式有所不同。因此,编程人员必须严格按照机床(系统)说明书规定的格式进行编程,但各类数控系统程序结构的基本格式是相同的。本书以 FANUC 数控系统为例进行说明。

1) 程序的组成

一个完整的程序由程序名、程序内容和程序结束组成,如表 1-7 所示。

表 1-7 程序组成

%	程序起始符
O0010;	程序名
N10 G90 G94 G40 G17 G21;	程序内容
N20 G54 G00 X100.0 Y150.0;	
N30 M03 S600;	
N40 G43 Z100.0 H01;	
N50 G00 Z5.0 M08;	
……	
N100 G00 Z100.0 M09;	
N110 M30;	程序结束
%	程序结束符

(1) 程序名。每一个存储在系统存储器中的程序都需要指定一个程序名以相互区别,这种用于区别零件加工程序的代号称为程序名。因为程序名是加工程序开始部分的识别标记,所以同一数控系统中的程序名不能重复。

程序名写在程序的最前面,必须单独占一行。

FANUC 系统程序名的书写格式为 O××××,其中 O 为地址符,其后为四位数字,值从 0000 到 9999,在书写时其数字前的零可以省略不写,如 O0020 可写成 O20。

(2) 程序内容。程序内容是整个加工程序的核心,它由许多程序段组成,每个程序段由一个或多个指令字构成,它表示数控机床中除程序结束外的全部动作。

(3) 程序结束。程序结束由程序结束指令构成,它必须写在程序的最后。

可以作为程序结束标记的 M 指令有 M02 和 M30,它们代表零件加工程序的结束。为保证最后程序段的正常执行,通常要求 M02/M30 单独占一行。

此外,子程序结束的结束标记因不同的系统而各异,如 FANUC 系统中用 M99 表示子程序结束后返回主程序；而在SIEMENS系统中则通常用M17、M02或字符"RET"作为子程序的结束标记。

（4）程序起始符/结束符。程序起始符与结束符为同一字符，用以区分不同的程序文件。在手工输入程序时该符号被数控系统自动添加，不需要单独输入。

2）程序段的组成

（1）程序段的基本格式。程序段格式是指在一个程序段中，字、字符、数据的排列、书写方式和顺序。程序段是程序的基本组成部分，每个程序段由若干个地址字构成，而地址字又由表示地址的英文字母、特殊文字和数字构成，如X30、G71等。通常情况下，程序段格式有可变程序段格式、使用分隔符的程序段格式、固定程序段格式三种。本节主要介绍当前数控机床上常用的可变程序段格式。其格式如下：

N_	G_	X_ Y_	F_	M_	S_	T_	;
程序段号	准备功能	尺寸字	进给功能	辅助功能	主轴功能	刀具功能	结束标记
	程序段中间部分						

[例1-3] N100 G01 X20.0 Z30.5 F100 M03 S1000 T01；

① 程序段号与程序段结束。程序段由程序段号N××开始，以程序段结束标记";"结束，不同数控系统的程序段结束标记各不相同。本书介绍FANUC数控系统，故其结束标记为";"。

N××为程序段号，由地址符N和后面的若干位数字表示。在大部分系统中，程序段号仅作为"跳转"或"程序检索"的目标位置指示。因此，它的大小及顺序可以颠倒，也可以省略。程序段在存储器内以输入的先后顺序排列，而程序的执行是严格按信息在存储器内的先后顺序逐段执行，即执行的先后顺序与程序段号无关。

② 程序段的中间部分。程序段的中间部分是程序段的内容，主要包括准备功能字、尺寸功能字、进给功能字、主轴功能字、刀具功能字、辅助功能字等，但并不是所有程序段都必须包含这些功能字，有时一个程序段内可仅含有其中一个或几个功能字，如表1-7中的部分程序段。

（2）程序段注释。为了方便检查、阅读数控程序，可在程序中写入注释信息。注释不会影响程序的正常运行。FANUC系统的程序段注释用"（ ）"括起来放在程序段的最后，且只能放在程序段的最后，不允许插在地址和数字之间。如以下程序段所示：

O1011；(SPF1011-D10)

G21 G90 G40 G80 G17；(BAO HU TOU)

G43 G00 Z100.0 H01；(TOOL 1)

3. 数控系统常用的功能

1）功能介绍

数控系统常用功能有准备功能、辅助功能、其他功能三种，这些功能是编制加工程序的基础。

（1）准备功能。准备功能又称G功能（G指令），是数控机床完成某些准备动作的指令。它由地址符G和后面的两位数字组成，从G00～G99共100种，如G01、G90等。但随着数控系统功能不断扩展,很多数控系统已采用三位数的功能指令,如 SIEMENS 系统中的 G451、G331 等。

从 G00~G99 虽有 100 种 G 指令,但并不是每种指令都有实际意义,有些指令在国际标准(ISO)及我国机械工业部相关标准中并没有指定其功能,即"不指定",这些指令主要用于将来修改其标准时指定新的功能。还有一些指令,即使在修改标准时也永不指定其功能,即"永不指定",这些指令可由机床设计者根据需要自行规定其功能,但必须在机床的出厂说明书中予以说明。FANUC 数控系统中数控铣床常用 G 指令及功能如表 1-8 所示。

表 1-8 数控铣床常用 G 指令及功能

G 指令	组别	功能	G 指令	组别	功能
▼G00	01	快速点定位	▼G54	14	选择第 1 工件坐标系
▼G01		直线插补(进给速度)	G55		选择第 2 工件坐标系
G02		圆弧/螺旋线插补(顺圆)	G56		选择第 3 工件坐标系
G03		圆弧/螺旋线插补(逆圆)	G57		选择第 4 工件坐标系
G04	00	暂停	G58		选择第 5 工件坐标系
▼G15	17	极坐标指令取消	G59		选择第 6 工件坐标系
G16		极坐标指令	G61	15	准确停止方式
▼G17	02	选择 XY 平面	▼G64		切削方式
G18		选择 XZ 平面	G65	00	宏程序调用
G19		选择 YZ 平面	G66	12	宏程序模态调用
G20	06	英制尺寸输入	▼G67		宏程序模态调用取消
G21		公制尺寸输入	G68	16	坐标旋转
G28	00	返回参考点	▼G69		坐标旋转取消
G29		从参考点返回	G73	09	深孔钻削循环
G30		返回第 2、3、4 参考点	G76		精镗循环
G31		跳转功能	▼G80		固定循环取消
▼G40	07	刀具半径补偿取消	G81		钻孔循环、锪镗循环
G41		左侧刀具半径补偿	G82		钻孔循环或反镗循环
G42		右侧刀具半径补偿	G83		排屑钻孔循环
G43	08	正向刀具长度补偿	G84		攻丝循环
G44		负向刀具长度补偿	G85		镗孔循环
▼G49		刀具长度补偿取消	▼G90	03	绝对值编程
▼G50	11	比例缩放取消	G91		增量值编程
G51		比例缩放有效	G92	00	设定工件坐标系
▼G50.1	22	可编程镜像取消	▼G94	05	每分钟进给
G51.1		可编程镜像有效	G95		每转进给
G52	00	局部坐标系设定	▼G98	10	在固定循环中,Z 轴返回到起始点
G53		选择机床坐标系	G99		在固定循环中,Z 轴返回 R 平面

注:表中开机默认指令以符号"▼"表示

（2）辅助功能。辅助功能又称 M 功能（M 指令）。它由地址符 M 和后面的两位数字组成，从 M00~M99 共 100 种。

辅助功能主要控制机床或系统的各种辅助动作，如切削液的开与关、主轴的正反转及停止、程序的结束等。表 1-9 中列出了 FANUC 数控系统的部分 M 指令及功能。

表 1-9 M 指令及功能

指令	功能	指令	功能
M00	停止程序运行	M06	换刀
M01	选择性停止	M08	切削液开启
M02	结束程序运行	M09	切削液关闭
M03	主轴正转	M30	程序结束运行且返回程序头
M04	主轴反转	M98	子程序调用
M05	主轴停转	M99	子程序结束

因数控系统及机床生产厂家的不同，其 G/M 指令的功能不尽相同，同一数控系统指令在数控铣床与数控车床中的功能也不尽相同，操作者在进行数控编程时，一定要严格按照机床（系统）说明书的规定进行。

在同一程序段中，有多个 G/M 指令或其他指令同时存在时，它们执行的先后顺序等情况由系统参数设定，为保证程序的正确执行，如 M30、M02、M98 等指令最好用单独的程序段进行指定。

（3）其他功能。

① 坐标功能字。坐标功能字又称尺寸功能字，用来设定机床各坐标的位移量。它一般以 X、Y、Z、U、V、W、P、Q、R、A、B、C、D、E 以及 I、J、K 等地址符为首，在地址符后紧跟"+"或"-"号和一串数字表示，分别用于指定直线坐标、角度坐标及圆心坐标的尺寸。如 X100.0、A-30.5、J-21.004 等。但一些个别地址符也可用于指令暂停时间等。

② 刀具功能字。刀具功能字又称 T 功能，是系统进行选刀或换刀的功能指令。刀具功能用地址符 T 及后面的一组数字表示。常用刀具功能的指定方法有 T4 位数法和 T2 位数法。

在数控铣削编程中通常用 T2 位数法。该 2 位数用于指令刀具号，如 T05 表示选用 5 号刀具；T21 表示选用 21 号刀具。

③ 进给功能字。进给功能字又称 F 功能，用来指定刀具相对于工件运动速度，由地址符 F 和其后面的数字组成。根据加工的需要，进给功能分为每分钟进给和每转进给两种，并以其对应的功能字进行转换。

• 每分钟进给（G94）。其直线运动的单位为毫米/分钟（mm/min），角度运动的单位为度/分钟（°/min）。数控铣床的每分钟进给通过准备功能字 G94 来指定。该指令可单独一个程序段，也可与运动指令写在同一程序段中。如以下程序段所示：

G94 G01 Y20.0 F200;（进给速度为 100 mm/min）

G94 G01 A90.0 F200;（进给速度为 200°/min）

• 每转进给（G95）。其单位为毫米/转（mm/r），通过准备功能字 G95 来指定。如以下程序段所示：

G95 G33 Z-30.0 F1.5;(进给速度为1.5mm/r)
G95 G01 Z30.0 F0.2;(进给速度为0.2 mm/r)

在编程时,进给速度不允许用负值来表示。在除螺纹加工以外的机床运行过程中,均可通过机床操作机床面板上的进给倍率修调旋钮来对其速度值进行实时调节。

④ 主轴功能字。主轴功能字又称S功能,用以控制主轴转速,由地址符S及其后面的一组数字组成。其单位为r/min。

在编程时,主轴转速不允许用负值来表示。在实际操作过程中,可通过机床操作面板上的主轴倍率修调旋钮来对其进行调节。

主轴的正转、反转、停止由辅助功能 M03/M04/M05 进行控制。其指令格式如下所示:

M03 S1000;(主轴正转,转速1000r/min)
M04 S500;(主轴反转,转速500r/min)
M05;(主轴停转)

2)常用功能指令的属性

(1)指令分组。所谓指令分组,即把系统中不能同时执行的指令分为一组,对其编号进行区别。如G00、G01、G02、G03属于同组指令,其编号为01组。类似的同组指令还有很多,详见表1-9。同组指令具有相互取代的作用,同一组内的多个指令在一个程序段同时出现时,只执行其最后输入的指令,或出现系统报警。不同组的指令在同一程序段内可以进行不同的组合,各个指令均可执行。如下两个程序段中第一段为合理的程序段,第二段为不合理的程序段。

G90 G40 G80 G21 G17;
G01 G02 G03 X40.0 Y20.0 R30.0 F100;

(2)模态与非模态指令。

- 模态指令。又称续效指令,表示该指令在某个程序段中一经指定,在接下来的程序段中将持续有效,直到被同组的另一个指令替代后才失效,如常用的G00、G01~G03及F、S、T等指令。

模态指令的出现,避免了在程序中出现大量的重复指令,使程序更简洁。同样,当尺寸功能字在前后程序段中出现重复,则该尺寸功能字也可以省略,如表1-10所示。

表1-10 程序段对比

原程序段	简化后程序段
G01 X50.0 Y30.0 F200.0;	G01 X50.0 Y30.0 F200.0;
G01 X50.0 Y20.0 F200.0;	Y20.0;
G02 X30.0 Y20.0 R20.0 F100.0;	G02 X30.0 R20.0 F100.0;

- 非模态指令。又称为非续效指令,表示仅当前程序段内有效的指令。如G04、M00等指令。

对于不同的数控系统而言,模态指令与非模态指令的具体规定不尽相同,因此在编程时应查阅相关系统编程说明书。本书中所介绍的编程指令若无特殊说明,均为模态指令。

(3)开机默认指令。为了避免编程人员在编程时出现指令遗漏,数控系统将每一组指令中的一个指令作为开机默认指令,此指令在开机或系统复位时可以自动生效。表1-8中带有"▼"符号的指令为开机默认指令。

4. 数控系统常用基本指令

1) 公制/英制编程指令(G21/G20)

该编程指令用于设定坐标功能字是使用公制(mm)还是英制(in.)。G21为公制,G20为英制。编程如下所示:

G21 G91 G01 X150.0;(表示刀具向 X 轴正方向移动150mm)

G20 G91 G01 X150.0;(表示刀具向 X 轴正方向移动150 in)

G21/G20指令可单独占一行,也可与其他指令写在同一程序段中。英制对旋转轴无效,旋转轴的单位都是度。

2) 绝对坐标与增量坐标指令(G90/G91)

(1) 绝对坐标指令(G90)。该指令指定后,程序中的坐标数据以编程原点作为计算基准点,即以绝对方式编程。如图1-35所示,刀具的移动从 $O→A→B$,用G90编程时的程序如下:

G90 G01 X30.0 Y10.0 F200;($O→A$)

X20.0 Y20.0;($A→B$)

(2) 增量坐标指令(G91)。增量坐标又称相对坐标,该指令指定后,程序中的坐标数据以刀具起始点作为计算基准点,表示刀具终点相对于刀具起始点坐标值的增量。如图1-35所示,刀具的移动从 $O→A→B$,用G91编程时的程序如下:

G91 G01 X30.0 Y10.0 F200;($O→A$)

X-10.0 Y10.0;($A→B$)

3) 返回参考点指令(G27、G28、G29)

对于机床回参考点动作,除可采用手动回参考点的操作外,还可以通过编程指令来自动实现。常见的与返回参考点相关的编程指令有G27、G28、G29,这三种指令均为非模态指令。

(1) 返回参考点校验指令(G27)。

功能:该指令用于检查刀具是否正确返回到程序中指定的参考点位置。执行该指令时,如果刀具通过快速定位指令G00正确定位到参考点上,则对应轴的返回参考点指示灯亮,否则机床系统将发出报警。

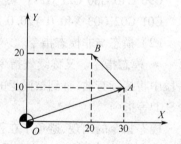

图1-35 绝对坐标与增量坐标

编程格式:G27 X_ Y_ Z_;

其中:X、Y、Z为参考点的坐标值。

(2) 自动返回参考点指令(G28)。

功能:该指令可以使刀具以点位方式经中间点返回到机床参考点,中间点的位置由该指令后的 X_Y_Z_值决定。

编程格式:G28 X_ Y_ Z_;

其中:X、Y、Z为返回过程中经过的中间点坐标值。该坐标值可以通过G90/G91指定其为增量坐标或绝对坐标。

返回参考点过程中设定中间点的目的是为了防止刀具在返回机床参考点过程中与工件或夹具发生干涉。

[例1-4] G90 G28 X50.0 Y20.0 Z100.0；

表示刀具先快速定位到中间点(X50,Y20,Z100)处,再返回机床 X、Y、Z 轴的参考点。

(3) 自动从参考点返回指令(G29)。

功能:该指令使刀具从机床参考点出发,经过一个中间点到达这个指令后面 X_Y_Z_ 坐标值所指定的位置。

编程格式:G29 X_ Y_ Z_；

其中:X、Y、Z 为中间点坐标值。

G29 指令所指中间点的坐标与前面 G28 指令所指定的中间点坐标为同一坐标值,因此,这条指令只能出现在 G28 指令的后面。

4) 坐标系设定指令

(1) 工件坐标系零点偏移(G54～G59)。

功能:使用该指令设定对刀参数值(即设定工件原点在机床坐标系中的坐标值)。一旦指定了 G54～G59 之一,则该工件坐标系原点即为当前程序原点,后续程序段中的工件绝对坐标值均以此程序原点作为数值计算基准点。该数据输入机床存储器后,在机床重新开机时仍然存在。

编程格式:G54 G00 X_ Y_ Z_；

通过以上的编程格式指定 G54 后,刀具以 G54 中设定的坐标值为基准快速定位到目标点(X,Y,Z),该目标点通常被称为起刀点。

[例1-5] 如图1-36所示,右上角 O 点为机床零点,在系统内设定了两个工件坐标系:G54(X-50.0 Y-50.0 Z-10.0),G55(X-100.0 Y-100.0 Z-20.0)。此时,建立了原点在 O' 的 G54 工件坐标系和原点在 O'' 的 G55 工件坐标系。

(2) 选择机床坐标系(G53)。

功能:该指令使刀具快速定位到机床坐标系中的指定位置。

编程格式:G53 G90 X_ Y_ Z_；

其中:X、Y、Z 为机床坐标系中的坐标值(一般为负值)。

[例1-6] 如图1-37所示,右上角 O 点为机床零点,当给出如下程序段时刀具快速定位到左下角点(X-100.0,Y-100.0,Z-20.0)。

G53 G90 X-100.0 Y-100.0 Z-20.0；

(3) 设定工件坐标系(G92)。

功能:该指令是通过设定起刀点(即程序开始运动的起点)从而建立工件坐标系。应该注意的是,该指令只是设定坐标系,机床(刀具或工作台)并未产生任何运动,这一指令通常出现在程序的第一段。

编程格式:G92 X_ Y_ Z_；

其中:X、Y、Z 为指定起刀点相对于工件原点的坐标位置。

[例1-7] 如图1-38所示,将刀具置于一个合适的起刀点,执行程序段 G92 X20.0 Y10.0 Z10.0;则建立起工件坐标系。采用此方式设置的工件原点是随刀具起始点位置的变化而变化的。

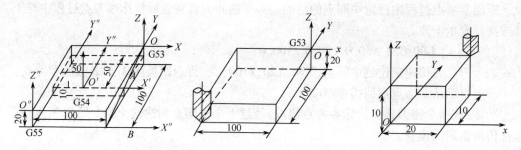

图1-36 G54设定工件坐标系　　图1-37 G53选择机床坐标系　　图1-38 G92设定工件坐标系

G92指令与G54～G59指令都是用于设定工件加工坐标系的,但它们在使用中是有区别的。

① G92指令通过程序(起刀点的位置)来设定工件坐标系;G54～G59指令是通过在系统中设置参数的方式设定工件坐标系。

② G92所设定的工件坐标原点与当前刀具位置有关,该原点在机床坐标系中的位置随当前刀具位置的不同而改变。G54～G59所设定的工件坐标原点一经设定,其在机床坐标系中的位置不变,与刀具当前位置无关。

③ 当程序中采用G54～G59设定工件坐标系后,也可通过G92建立新的工件坐标系。

[例1-8] 如图1-39所示,通过G54方式设定工件坐标系并使刀具定位于 XOY 坐标系中的(X200.0,Y160.0)处,执行G92程序段后,就由向量 A 偏移产生了一个新的工件坐标系 $X'O'Y'$。程序如下:

G54 G00 X200.0 Y160.0;
G92 X100.0 Y100.0;

5) 基本运动指令

(1) 快速点定位(G00)。

功能:该指令使刀具以点位控制方式从刀具当前点快速运动到目标点。

编程格式:G00 X_ Y_ Z_;

其中:X、Y、Z为刀具目标点坐标值。

说明:

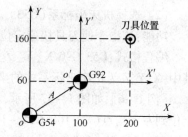

图1-39 在G54方式下设定G92

① 使用G00指令编程时,刀具的移动速度由机床系统参数设定,一般设定为机床最大的移动速度,因此该指令不能用于切削工件。该指令在执行过程中可通过机床面板上的进给倍率修调旋钮对其移动速度进行调节。

② 该指令所产生的刀具运动路线可能是直线或折线,如图1-40中刀具由 A 点移动到 B 点时,G00指令的运动路线如图中虚线部分所示。因此需要注意在刀具移动过程中是否会与零件或夹具发生碰撞。

③ 可使用G90/G91指定其目标点坐标值以绝对坐标或增量坐标方式计算。

[例1-9] 如图1-40所示,刀具由 A 点移动到 B 点,采用G00指令编程如下所示:

G90 G00 X50.0 Y25.0;(绝对坐标编程方式)
G91 G00 X30.0 Y15.0;(增量坐标编程方式)

(2) 直线插补(G01)。

功能:该指令使刀具以直线插补方式按指定速度以最短路线从刀具当前点运动到目标点。

编程格式:G01 X_ Y_ Z_ F_;

其中:X、Y、Z 为刀具目标点坐标值;

F 为进给速度。

说明:

① 使用 G01 指令编程时,刀具的移动速度由 F 指定,速度可通过程序控制;其移动路线为两点之间的最短距离,移动路线可控,如图 1-40 中 AB 段所示。因此该指令可用于切削工件。该指令在执行过程中可通过机床面板上的进给倍率修调旋钮对其移动速度进行调节。

② 可使用 G90/G91 指定其目标点坐标值以绝对坐标或增量坐标方式计算;可使用 G94/G95 指定 F 值的单位。

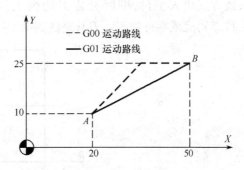

图 1-40 G00/G01 指令编程

[例 1-10] 如图 1-40 所示,刀具由 A 点移动到 B 点,采用 G01 指令编程如下所示:
G90 G01 X50.0 Y25.0 F200;(绝对坐标编程方式)
G91 G01 X30.0 Y15.0 F200;(增量坐标编程方式)

6) 编程举例

如图 1-41(a)所示零件,编写出 42mm×35mm×4mm 凸台加工程序,选用 $\Phi10$ 的立铣刀。

(1) 不考虑刀具大小对零件的影响。

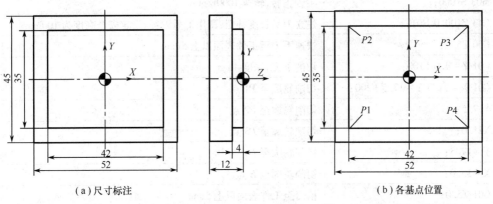

(a) 尺寸标注   (b) 各基点位置

图 1-41 零件示意图

① 建立编程坐标系。由于此零件结构为对称轮廓,故将编程原点设定在工件上表面几何中心,坐标轴方向与机床坐标系方向一致,如图 1-41(b)所示。

② 计算基点坐标。各点在 XY 平面内的绝对坐标值如表 1-11 所示。

表 1-11　各轮廓点绝对坐标值

基点	绝对坐标(X,Y)
P1	(-21,-17.5)
P2	(-21,17.5)
P3	(21,17.5)
P4	(21,-17.5)

③ 刀具路线的确定。将刀具定位在凸台左侧面延长线上，从点 A(-21,-30) 以延长线方式切入工件，顺时针走刀切削工件，再以延长线方式切出工件至点 B(-35,-17.5)，完成零件加工。刀具路线如图 1-42 所示。

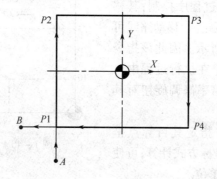

图 1-42　刀具路线

④ 编写程序。

程序	注释
O0001;	程序名
G17 G90 G80 G40 G21;	保护头指令
G54 G00 X-21.0 Y-30.0;	建立工件坐标系，确定起刀点(A点)
M03 S1000;	主轴正转，转速 1000r/min
G43 Z100.0 H01;	建立刀具长度补偿，调用1号刀补，设定安全高度为100mm
G00 Z5.0;	快速下刀至工件表面以上5mm
G01 Z-4.0 F100;	切削下刀，深度4mm
G01 X-21.0 Y-17.5 F200;	切削轮廓至P1点
Y17.5;	切削轮廓至P2点
X21.0;	切削轮廓至P3点
Y-17.5;	切削轮廓至P4点
X-35.0;	切削轮廓至B点
G01 Z5.0;	抬刀至工件表面以上5mm
G00 Z100.0;	快速抬刀至安全高度100mm
M05;	主轴停转
M30;	程序结束并返回程序头

(2)考虑刀具大小对零件的影响。由于在实际加工中,刀具的大小会影响被加工零件尺寸,因此按上述方法编程时,由于刀心轨迹与零件轮廓重合,未考虑刀具大小的影响,会对零件产生过切,且单边过切量为刀具的半径($R5$),如图1-43(a)所示。

为了避免过切,可以将刀心轨迹向外偏移一个刀具半径($R5$),轨迹线的交点 $P1'$、$P2'$、$P3'$、$P4'$,如图1-43(b)所示,该4个点为编程时的新的基点坐标值。

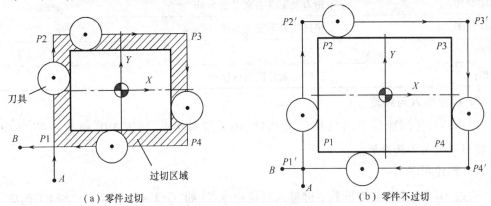

(a)零件过切　　　　　　　　(b)零件不过切

图1-43　刀具大小对零件尺寸的影响

各点在 XY 平面内的绝对坐标值如表1-12所示。

表1-12　各轮廓点绝对坐标值

基点	绝对坐标(X,Y)
$P1'$	(-26,-22.5)
$P2'$	(-26,22.5)
$P3'$	(26,22.5)
$P4'$	(26,-22.5)

程序编写如下:

程　序	注　释
O0001;	程序名
G17 G90 G80 G40 G21;	保护头指令
G54 G00 X-21.0 Y-30.0;	建立工件坐标系,确定起刀点(A点)
M03 S1000;	主轴正转,转速1000r/min
G43 Z100.0 H01;	建立刀具长度补偿,调用1号刀补,设定安全高度为100mm
G00 Z5.0;	快速下刀至工件表面以上5mm
G01 Z-4.0 F100;	切削下刀,深度4mm
G01 X-26.0 Y-22.5 F200;	切削轮廓至 $P1'$ 点
Y22.5;	切削轮廓至 $P2'$ 点
X26.0;	切削轮廓至 $P3'$ 点

(续)

程 序	注 释
Y-22.5;	切削轮廓至 P4′ 点
X-35.0;	切削轮廓至 B 点
G01 Z5.0;	抬刀至工件表面以上 5mm
G00 Z100.0;	快速抬刀至安全高度 100mm
M05;	主轴停转
M30;	程序结束并返回程序头

5. 程序输入与编辑

选择机床控制面板上的"EDIT"功能键,进入编辑状态,按下 MDI 键盘上的 PROG 键,将显示调节为程序界面。

1)新建程序

通过 MDI 键盘上的地址数字键输入新建程序名(如"O1234"),按下 INSERT 键即可创建新程序,程序名被输入程序窗口中。但新建的程序名称不能与系统中已有的程序名称相同,否则不能被创建。

当新建程序后,若需要继续输入程序,应依次选择 EOB 、INSERT 键插入分号并换行,方可输入后续程序段,即程序名必须单独一行。

2)输入程序

操作步骤如下:

(1)通过 MDI 键盘上的地址数字键输入程序段(如"G00 Z10.0;");此时程序段被输入至缓存区。

(2)依次选择 EOB 、INSERT 功能键将缓存区中的程序段输入程序窗口中并换行。缓存区中的程序如图 1-44(a)所示。

(3)重复步骤(1)、(2)输入后续程序,如图 1-44(b)所示。

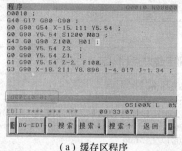
(a) 缓存区程序

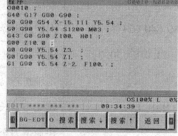
(b) 完成输入

图 1-44 程序段输入

3)调用程序

(1)调用系统存储器中的程序:

① 通过 MDI 键盘上的地址数字键输入需要查找的程序名至缓存区(如"O1010");

② 选择 MDI 键盘上的 →/↓，或选择软功能键[O 搜索]将程序调至当前程序窗口中。

(2) 调用存储卡中的程序：

① 插入存储卡(注意存储卡的插入方向是否正确，避免损坏插孔内的针头)；

② 修改数据通道参数(在"MDI"状态下进入设定界面，将 I/O 通道改为 4)，如图 1-45 所示；

③ 在"EDIT"状态下选择软功能键进入存储卡目录界面(图 1-46)，输入要读入的文件名序号(如图 1-47 中的程序 O0005 对应序号为 4)，选择[F 设定]；再输入读入后的程序名(程序号)，选择[O 设定]；

④ 选择[执行]读入程序，在程序界面调出所需程序。

图 1-45　修改 I/O 通道　　　图 1-46　存储卡目录　　　图 1-47　读入程序

(3) 查找程序语句。

① 查找当前程序中的某一段程序。输入需要查找的程序段顺序号(如"N90")，选择 MDI 键盘上的 →/↓，或选择软功能键[检索↓]，光标将跳至被搜索的程序段顺序号处。

② 查找当前程序中的某个语句。输入需要查找的指令语句(如"Z-2.0")，选择 MDI 键盘上的 →/↓，或选择软功能键[检索↓]，光标将跳至被搜索的语句处。

4) 修改程序

(1) 插入语句。将光标移动至插入点后输入新语句，选择 INSERT 功能键将其插入至程序中。

(2) 删除语句。将光标移动至目标语句，选择 DELETE 功能键将其删除。当需要删除缓存区内的语句时，可选 CAN 功能键逐字删除。

(3) 替换语句。将光标移动至需被替换的语句处，输入新语句后选择 ALTER 功能键，原有语句被替换为新语句。

5) 删除程序

输入需要删除的程序名，选择 DELETE 功能键，系统提示是否执行删除，选择[执行]软功能键，删除该程序。但若被删除的程序为当前正在加工的程序，则该程序不能被删除。

1.2.6 数控铣床常用刀柄系统介绍

数控铣床或加工中心上使用的刀具是通过刀柄与主轴相连,刀柄通过拉钉和主轴内的拉紧装置固定在主轴上,由刀柄夹持刀具传递速度、扭矩,如图 1-48 所示。最常用的刀柄与主轴孔的配合锥面一般采用 7:24 的锥度,这种锥柄不自锁,换刀方便,与直柄相比有较高的定心精度和刚度。现今,刀柄与拉钉的结构和尺寸已标准化和系列化,在我国应用最为广泛的是 BT40 与 BT50 系统刀柄和拉钉。

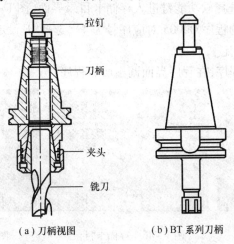

(a)刀柄视图　　　(b)BT 系列刀柄

图 1-48　刀柄的结构与规格

1. 刀柄分类

1) 按刀柄的结构分类

(1) 整体式刀柄。整体式刀柄直接夹住刀具,刚性好,但其规格、品种繁多,给生产带来不便。

(2) 模块式刀柄。模块式刀柄比整体式多出中间连接部分,装配不同刀具时更换连接部分即可,克服了整体式刀柄的缺点,但对连接精度、刚性、强度等有很高的要求。

2) 按刀柄与主轴连接方式分类。

(1) 一面约束。一面约束刀柄以锥面与主轴孔配合,端面有 2mm 左右的间隙,此种连接方式刚性较差。如图 1-49(a)所示。

(2) 二面约束。二面约束以锥面及端面与主轴孔配合,能确保在高速、高精度加工时的可靠性要求。如图 1-49(b)所示。

3) 按刀具夹紧方式分类(图 1-50)

(1) 弹簧夹头式刀柄。该类刀柄使用较为广泛,采用 ER 型卡簧进行刀柄与刀具之间的连接,适用于夹持直径 16mm 以下的铣刀进行铣削加工;若采用 KM 型卡簧,则为强力夹头刀柄,它可以提供较大的夹紧力,适用于夹持直径 16mm 以上的铣刀进行强力铣削。

(2) 侧固式刀柄。该类刀柄采用侧向夹紧,适用于切削力大的加工,但一种尺寸的刀具需配备对应的一种刀柄,规格较多。

(3) 热装夹紧式刀柄。该类刀柄在装刀时,需要加热刀柄孔,将刀具装入刀柄后,冷

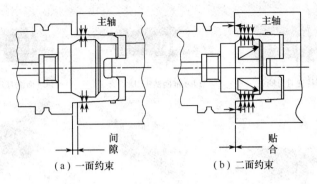

(a) 一面约束　　　　　(b) 二面约束

图 1-49　按刀柄与主轴连接方式分类

却刀柄,靠刀柄冷却收缩以很大的夹紧力同心地夹紧刀具。这种刀柄装夹刀具后,径向跳动小、夹紧力大、刚性好、稳定可靠,非常适合高速切削加工。但由于安装与拆卸刀具不便,不适用于经常换刀的场合。

(4) 液压夹紧式刀柄。该类刀柄采用液压夹紧刀具,夹持效果非常好,刚性好,可提供较大的夹紧力,非常适合高速切削加工。

(a) 弹簧夹头式刀柄　　(b) 侧固式刀柄　　(c) 热装夹紧式刀柄　　(d) 强力夹头刀柄

图 1-50　按刀具夹紧方式分类

4) 按允许转速分类

(1) 低速刀柄。低速刀柄一般指用于主轴转速在 8000r/min 以下的刀柄。

(2) 高速刀柄。高速刀柄一般指用于主轴转速在 8000r/min 以上的高速加工的刀柄,其上有平衡调整环,必须通过动平衡检测后方可使用。

5) 按所夹持的刀具分类(图 1-51)

(1) 圆柱铣刀刀柄:用于夹持圆柱铣刀。

(2) 锥柄钻头刀柄:用于夹持莫氏锥度刀杆的钻头、铰刀等,带有扁尾槽及装卸槽。

(3) 面铣刀刀柄:与面铣刀盘配套使用。

(4) 直柄钻夹头刀柄:用于装夹直径在 13mm 以下的中心钻、直柄麻花钻等。

(5) 镗刀刀柄:用于各种高精度孔的镗削加工,有单刃、双刃以及重切削等类型。

(6) 丝锥刀柄:用于自动攻丝时装夹丝锥,一般具有切削力限制功能。

2. 拉钉

数控铣床或加工中心用拉钉如图 1-52 所示,其尺寸也已标准化,ISO 和 GB 规定了 A 型和 B 型两种形式的拉钉,其中,A 型拉钉用于不带钢球的拉紧装置,B 型拉钉用于带钢球的拉紧装置。

3. 弹簧夹头及中间模块

弹簧夹头有两种:ER 弹簧夹头和 KM 弹簧夹头,如图 1-53 所示。其中,ER 弹簧夹头的夹紧力较小,适用于切削力较小的场合;KM 弹簧夹头的夹紧力较大,适用于强力

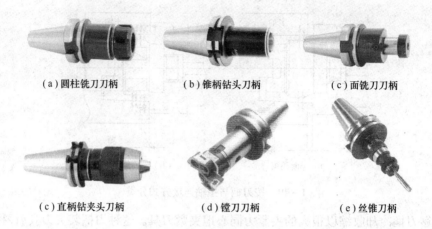

(a)圆柱铣刀刀柄　　(b)锥柄钻头刀柄　　(c)面铣刀刀柄

(c)直柄钻夹头刀柄　　(d)镗刀刀柄　　(e)丝锥刀柄

图1-51　按夹持刀具分类

切削。

图1-52　拉钉

(a)ER弹簧夹头　　(b)KM弹簧夹头

图1-53　弹簧夹头

中间模块如图1-54所示,是刀柄和刀具之间的中间连接装置,通过中间模块的使用,提高了刀柄的通用性能。例如,镗刀、丝锥和钻夹头与刀柄的连接就经常使用中间模块。

(a)精镗刀中间模块　　(b)攻螺纹夹套　　(c)钻夹头接杆

图1-54　中间模块

1.2.7　手动操作与对刀

在进行数控机床操作时,需要遵守以下操作注意事项:

(1)操作机床前,应仔细阅读机床说明书和系统操作手册,充分理解机床的技术规格和功能,按规定的方式操作。

(2)机床操作者必须经过培训方能上岗。

(3)穿着合适的工作服,穿戴认可的工业用安全防护眼镜和安全鞋。

(4)禁止穿戴可能被运动件卷住的项链、手套等松散物品,长发必须戴安全帽。

(5) 经常检查机床和机床周围是否有障碍。
(6) 不要用潮湿的手操作电器设备。
(7) 参阅所使用机床的说明书中规定的检查部位,定期对其进行检查、调整与保养。
(8) 机床的系统参数禁止随意改动。
(9) 禁止随意拆卸、改动安全装置或标志及防护装置。
(10) 在机床内工作时,必须切断主电源。
(11) 禁止把玩高压气枪。

1. 开关机与回参考点

1) 开机与关机

(1) 开机。在开机前,应按照数控铣床安全操作规范的要求,对机床各部位进行检查并确保正确。开机顺序如下:

① 打开空气压缩机及机床空气开关;
② 打开线路总电源;
③ 打开机床电源;
④ 打开控制面板上的控制系统电源("ON"按钮),系统自检;
⑤ 系统自检完毕后,旋开急停开关并复位。

(2) 关机。关机前应将工作台(X、Y轴)放于中间位置,Z轴处于较高位置(严禁停放在零点位置)。

① 按下急停开关;
② 关闭控制系统电源("OFF"按钮);
③ 关闭机床电源;
④ 关闭线路总电源;
⑤ 关闭空气压缩机和空气开关。

2) 回参考点

在数控机床开机后,应首先进行手动回参考点操作。为保证安全,通常先回Z轴,再回Y、X轴。

(1) 将系统显示切换为综合坐标界面。
(2) 将工作状态选择为"回参考点"。
(3) 依次选择机床控制面板上的"Z"→"+"、"Y"→"+"、"X"→"+",使三个坐标轴分别完成回参考点。

说明:

(1) 回参考点前应清理并确保行程开关附近无杂物,以免发生回参考点位置错误。
(2) 回参考点前应确认各坐标轴远离坐标零点(一般各坐标轴数值应处于-40mm以上),否则在回参考点的过程中容易发生超程。
(3) 回参考点后坐标界面中的"机床坐标"数值为零,同时各坐标轴按钮所对应的指示灯处于频闪状态。
(4) 完成回参考点后应及时退出参考点,将工作台移动至床身中间位置,主轴移动至较高位置。为保证安全,通常先退$-X$、$-Y$,再退$-Z$。

操作方法:首先将工作状态选择为"手动",然后选择坐标轴,按下"$-$"方向按钮不松开,将坐标轴移动至合适的位置。

（5）在回参考点及退出参考点的过程中可通过"进给倍率修调旋钮"调节坐标轴的运动速度。

（6）当遇到以下几种情况时必须回参考点。

① 首次打开机床时必须回参考点；

② 发生坐标轴超程报警,解除报警后必须回参考点；

③ "机床锁住"、"Z 轴锁住"功能使用完后必须回参考点；

④ 发生事故时,排除故障后必须回参考点。

2. 安装与校正夹具

以数控铣削加工中使用较为广泛的平口钳为例,介绍其安装与校正方法。

在安装平口钳之前,需将机床工作台面、平口钳底面擦拭干净并涂上润滑油,以防生锈。

1）平口钳的初定位

（1）将平口钳轻放在机床工作台上,通过目测方式使钳口大致与 X 轴或 Y 轴方向平行；

（2）使用螺栓初步固定平口钳的位置。

2）平口钳的校正与夹紧

平口钳的校正即通过某种方法使平口钳的固定钳口与机床坐标 X 轴或 Y 轴平行(通常将钳口平面与 X 轴平行),一般采用打表的方法进行校正,所使用的工具是百分表及磁性表座(图 1-55)。

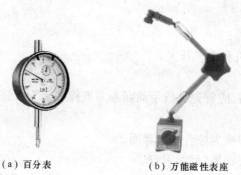

(a) 百分表　　　　(b) 万能磁性表座

图 1-55　百分表与磁性表座

（1）将磁性表座固定在机床主轴上,将百分表固定在磁性表座上,使百分表的表杆轴线与平口钳的固定钳口面垂直,表头朝向固定钳口面。如图 1-56 所示。

（2）快速移动坐标轴(建议使用手轮),使百分表的表头靠近平口钳的固定钳口,注意避免发生碰撞。

（3）慢速移动坐标轴使表头接触固定钳口面,使其指针顺时针旋转 1~2 圈。

（4）调整表盘,使指针调零,如图 1-57 所示。

（5）将百分表从钳口平面的一端匀速拖动至另一端,根据表针变化判断钳口平面是否与机床坐标方向平行(图 1-58),使用榔头校正钳口,反复拖动百分表,使其指针变化在 1 格(0.01mm)以内(校正钳口时榔头应敲击固定钳身,以避免损坏平口钳)。

图 1-56 磁性表座在机床上的固定

（6）交替旋紧平口钳固定螺母。

（7）再次拖动百分表，检查确认校正结果是否有效。

（8）移动坐标轴使百分表远离平口钳，取下百分表及磁性表座，拿出调整工具，完成校正及夹紧。

图 1-57 指针调零

图 1-58 拖表找正

3. 工件装夹与刀具安装

1）工件装夹

在装夹工件之前，应去掉工件上的毛刺及夹具上的杂物，定位与夹紧方式应根据零件要求确定，既要保证装夹可靠，又要保证加工质量。

（1）在工件上选择合理的被夹持面与定位面，确认工件装夹时其位置方向与编程坐标方向一致。

（2）使工件上的被夹持面与定位面分别与夹具中的相应位置靠齐，旋紧夹紧螺杆（夹紧力视情况而定），同时用榔头校正工件，使其定位可靠。

2）刀具的安装与拆卸

（1）刀具在刀柄中的安装。

在安装前应检查刀具是否完好，与编程所要求的刀具是否一致；选择与刀具相对应的弹簧夹头及刀柄（如：安装 $\Phi10$ 的立铣刀，可以选择孔径 10～11mm 的 ER32 弹簧夹头、ER32 刀柄），并擦净刀具、夹头及刀柄，按以下顺序安装：

① 将弹簧夹头装入刀柄锁紧螺母内（由于锁紧螺母内为偏心式卡槽，建议将弹簧夹头倾斜一定的角度将其压入），如图 1-59 所示。

② 将锁紧螺母旋入刀柄，然后将刀具的刀杆部分放入弹簧夹头内（在满足加工要求

图1-59 刀柄安装1

的前提下,刀具应伸出短一些,以便保证足够的刚性),如图1-60所示。

图1-60 刀柄安装2

③ 将刀柄放进锁刀座内(图1-62所示为锁刀座),用刀柄扳手(图1-63)将锁紧螺母锁紧,完成刀具在刀柄中的安装,安装完成后的刀柄如图1-61所示。

图1-61 刀柄

将刀具从刀柄中拆卸的操作顺序为先松开锁紧螺母,再取出刀具,最后取出弹簧夹头。

(2) 刀柄在机床主轴上的安装。在刀柄装入主轴前,应确保机床供气压力处于正常状态(一般为0.55~0.6MPa),使机床停止运行。将机床工作状态切换为"手动",按以下顺序安装:

① 擦净刀柄,握住刀柄底部(握刀柄时不能接触锥柄表面,以免生锈)。

② 先按下主轴侧板上的"松刀按钮"不松开,再将刀柄的锥柄端缓慢送入主轴锥腔内,使主轴端面上的定位块与刀柄上的定位槽接触,如图1-64所示。

③ 松开"松刀按钮",观察刀柄与主轴的接触情况,当确认刀柄安装正确后另一只手方可松开刀柄。

图1-62 锁刀座　　　　图1-63 刀柄扳手　　　　图1-64 装刀

从主轴上卸下刀柄的顺序为:

① 确认机床停止运行,将机床工作状态切换为"手动"。
② 一只手握住刀柄,另一只手按下"松刀按钮",刀柄受重力作用与主轴自然分离。
③ 取下刀柄,松开"松刀按钮"完成卸刀。

4. 手轮操作与手动操作

1）手轮操作

在数控机床对刀操作或进行坐标轴移动操作时,手轮使用非常普遍,能够很方便地控制机床坐标轴的运动。手轮由三部分组成:轴选择旋钮、增量倍率选择旋钮及手摇轮盘(图1-65)。

（1）手轮生效及操作。

① 选中机床控制面板上的"手轮"与"手持单元选择"按钮,手轮生效。

② 通过手轮上的"轴选择旋钮"选择需要移动的坐标轴。

③ 通过"增量倍率选择旋钮"选择合适的移动倍率($\times 1/ \times 10/ \times 100$)。

④ 旋转"手摇轮盘"移动坐标轴。顺时针旋转为正向移动,逆时针旋转为负向移动,旋转速度快慢可以控制坐标轴的运动速度。

（2）关闭手轮。为了防止手轮功能未被关闭而引起安全事故,关闭手轮时建议按以下步骤操作：

① 将"轴选择旋钮"旋至第4轴(在三坐标数控铣床上第4轴为扩展轴,等同于无效),若机床上安装有第4轴,则将"轴选择旋钮"旋至 X 轴。

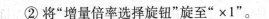
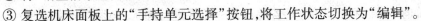

图1-65 手轮

② 将"增量倍率选择旋钮"旋至"×1"。

③ 复选机床面板上的"手持单元选择"按钮,将工作状态切换为"编辑"。

说明:使用手轮移动坐标轴时应特别注意手轮旋向与坐标运动方向的关系,否则很容易出现撞刀等事故;在移动坐标轴时要注意观察显示屏上的"机床坐标"数值,以避免超程。

2）手动操作

选择机床控制面板上的"手动"按钮,将工作状态切换为"手动"。该状态下可进行坐标轴移动操作、主轴启动/停止控制、主轴装刀操作等。

（1）坐标轴移动操作。

① 选择需要移动的坐标轴。

② 按住移动方向按钮"+"/"-",其相应坐标轴将连续移动,若同时按下"快速按钮",则相应的坐标轴将以快速移动速度移动。

③ 松开移动方向按钮"+"/"-",坐标轴停止移动。

坐标轴移动速度可通过"进给倍率修调旋钮"调节。

（2）主轴启动/停止控制。

① 按下"CW"主轴正转键或"CCW"主轴反转键,实现主轴正转或反转。

② 按下"STOP"主轴停止键,停止主轴转动,也可选择 RESET 功能键停止主轴。

主轴转速可通过"主轴倍率修调旋钮"调节。

(3) 解除超程。当某一坐标轴超程时,机床控制面板上的"限位解除"按钮灯被点亮,同时系统报警并停止工作。采用"手动"方式解除超程的方法如下:

① 按下"限位解除"按钮,选择 MDI 键盘上的 RESET 功能键解除报警。

② 选择超程的坐标轴按钮,再按住移动方向按钮"+"/"-"(当正方向超程时选择"-",负方向超程时选择"+"),当坐标轴移出超程区后松开。

5. MDI 操作

选择机床控制面板上的"MDI"按钮,将工作状态切换为"MDI"。该状态下可执行通过 MDI 面板输入的简短的程序语句,程序格式与一般程序格式相同。MDI 运行一般适用于简单的测试操作,其方法如下:

(1) 选择 MDI 面板上的 PROG 功能键,将显示调节为程序界面;
(2) 输入要执行的程序(若在程序段的结尾加上"M99"指令,则程序将循环执行);
(3) 按下机床控制面板上的"循环启动"按钮,执行该程序。

说明:

(1) 数控机床初次上电后,若要使主轴转动,则必须在 MDI 状态下执行主轴转动指令方可启动主轴。

(2) 数控机床每次对刀前,为保证操作安全,必须在 MDI 状态下执行主轴转动指令来启动主轴,不可通过"手动"方式直接启动主轴。

[例 1-11] 在 MDI 状态下输入"M03 S400;",按下"循环启动"按钮后主轴以 400r/min 的转速正转。

6. 对刀操作

数控铣床对刀即是通过某种方法使刀具(或找正器)找到加工原点(工件原点)在机床坐标系下的坐标值(X、Y、Z 值)。若要对某一零件进行加工,必须首先完成其对刀,让数控系统通过对刀值识别零件在工作台上的位置,才能完成该零件的加工。如图 1-66 所示,通过对刀需要找到加工原点 O_1 在机床坐标系下的各轴的坐标值(X_a, Y_b, Z_c)。以下各轴对刀均设工件上表面几何中心为加工原点。

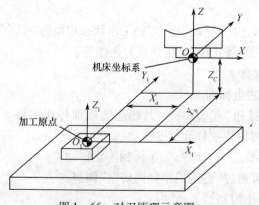

图 1-66 对刀原理示意图

1) Z 轴对刀

(1) 对刀原理。Z 轴对刀即通过某种方法让刀具找到加工原点在机床坐标系下的 Z 坐标值,在此以标准芯棒为对刀工具,介绍其对刀原理。

如图 1-67 所示,若要让刀具找到加工原点在机床坐标系下的 Z 坐标值,则先在工件上放置一标准尺寸的芯棒(也可用标准量块、Z 轴设定器等标准工具代替),移动刀具使其底面刚好接触标准芯棒最高点,则此时刀具底端与工件上表面距离刚好为 H,然后通过以下公式计算得出 Z 对刀值:

$$Z = Z1 - H$$

其中:Z_1 为刀具底面接触标准芯棒最高点时所对应的 Z 坐标值(机床坐标);

H 为标准芯棒直径(标准高度)。

(2) 对刀方法。Z 轴对刀常用的方法有试切对刀、Z 轴设定器对刀、标准芯棒对刀、机外对刀仪对刀(机外对刀仪如图 1-68 所示)。下面介绍几种常用的对刀方法。

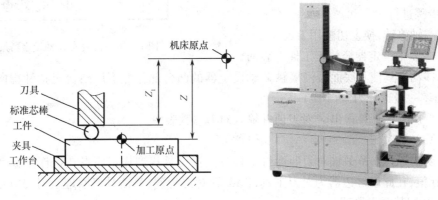

图 1-67 Z 轴对刀原理　　图 1-68 机外对刀仪

① 标准芯棒对刀。方法如下:

a. 主轴停转,换上切削用刀具。

b. 采用"手轮"方式将刀具移动至工件上方,使刀具底面与工件上表面之间的距离略小于芯棒直径(手轮倍率应合理,以确保安全,建议当距离较小时增量倍率选择"×10"),然后将芯棒放于工件上表面。

c. 轻推芯棒检查其是否能够通过刀具底面与工件上表面之间的间隙。

d. 以步进方式抬高刀具(+Z 方向),然后按步骤 c 检查芯棒是否能够通过间隙。

e. 重复步骤 d,当芯棒刚好能够通过间隙时记下当前 Z 坐标值(机床坐标)。

f. 按公式计算得出 Z 对刀值。

g. 进入补偿参数设置界面,将计算所得的 Z 对刀值输入"外形(H)"所对应的 001 号参数表中。若使用多把刀具,可将各刀具的对刀值按顺序输入不同序号的参数表中。

说明:

● 在对刀过程中,增量倍率应采用先大倍率再小倍率的方式进行。如果误差较大,则必须先将标准芯棒移出刀具正下方,然后重复对刀步骤 b~e,最后完成对刀参数的输入。

● 当刀具改变后应重新对刀获取新的 Z 对刀值。

② Z 轴设定器对刀。Z 轴设定器对刀与标准芯棒对刀方式基本相同。Z 轴设定器如图 1-69 所示。

（a）带表式 Z 轴设定器

（b）电子式 Z 轴设定器

图 1-69 Z 轴设定器

在此以带表式 Z 轴设定器为例,说明其对刀方法。如图 1-70 所示,Z 轴设定器的柱体标准高度 H 通常为 $50^{+0.005}_{\ 0}$ mm,使用前应先对其进行调零,然后按以下步骤进行：

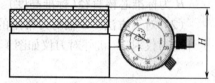

- 主轴停转,换上切削用刀具。
- 将 Z 轴设定器轻放于工件上表面。

图 1-70 带表式 Z 轴设定器尺寸

- 移动刀具使其底面缓慢接触 Z 轴设定器的凸台部分并下压凸台至指针指向零位（增量倍率一般选择为"×10"）。
- 采用公式计算得出 Z 对刀值并输入对刀参数表中。

2) X、Y 轴对刀

1) 对刀原理。X、Y 轴对刀即通过某种方法让刀具找到加工原点在机床坐标系下的 X、Y 坐标值,在此以寻边器为对刀工具,以 X 轴对刀为例（Y 轴对刀原理及对刀方法与 X 轴相同）介绍其对刀原理。

① 方案一。如图 1-71 所示,加工原点在机床坐标系下的 X 坐标值不能直接得出,而只能先用寻边器分别接触工件 A、B 两侧（使寻边器的工作外圆与工件侧面相切）并记下其所对应的 X 坐标值（X_1、X_2）,然后通过以下公式计算得出加工原点的 X 坐标值：

$$X = (X_1 + X_2)/2$$

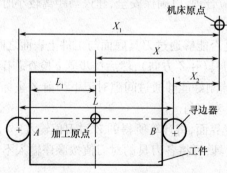

图 1-71 X 轴对刀原理

其中：X_1 为寻边器外圆与工件 A 侧面相切时所对应的 X 坐标值（机床坐标）；X_2 为寻边器外圆与工件 B 侧面相切时所对应的 X 坐标值（机床坐标）。

② 方案二。如图 1-71 所示,加工原点在机床坐标系下的 X 坐标值不能直接得出,可先用寻边器接触工件 A 侧或 B 侧(使寻边器的工作外圆与工件侧面相切)并记下其所对应的 X 坐标值,然后通过公式计算得出加工原点的 X 坐标值,计算公式如表 1-13 所示。

表 1-13 对刀值的计算

序号	寻边位置(相对于加工原点而言)	计算公式
1	在加工原点的负方向(A 侧面)	$X = X_1 + D/2 + L_1$
2	在加工原点的正方向(B 侧面)	$X = X_2 - D/2 + L_B$

注:X_1——寻边器外圆与工件 A 侧面相切时所对应的 X 坐标值(机床坐标);
X_2——寻边器外圆与工件 B 侧面相切时所对应的 X 坐标值(机床坐标);
D——寻边器工作外圆直径;
L_1——工件 A 侧面与加工原点的距离(X 轴方向);
L_B——工件 B 侧面与加工原点的距离(X 轴方向)。

以上表格中提供的两种计算公式,分别适用于寻 A 侧面或 B 侧面。即计算公式的选用与寻边的位置有关。

该方案也可适用于非对称工件的对刀(即加工原点的位置未设置在工件对称中心),对刀时(X 轴方向)只需要寻找工件其中一个侧边,便可计算得出对刀值。

③ 方案三。采用方案一或方案二时,均需要通过公式计算才能得出对刀值,当数据较多时不便于计算。因此可以利用数控系统中的"相对坐标"测量出 A、B 两侧的相对距离 L,直接将寻边器移动至 L/2 处,该位置所对应的机床坐标 X 值便是加工原点的 X 坐标值。以下介绍的对刀方法中就利用了"相对坐标"来辅助完成对刀。

(2) 对刀方法。X、Y 轴对刀常用的方法有试切对刀、寻边器对刀(常用寻边器如图 1-72 所示)。下面介绍机械式偏心寻边器对刀(X 轴方向)的方法。

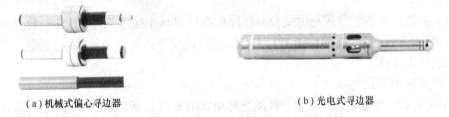

(a) 机械式偏心寻边器　　　　　　(b) 光电式寻边器

图 1-72 寻边器

机械式偏心寻边器由左右两部分及连接弹簧组成(图 1-72(a)),寻边器的左半部分被安装在刀柄上。当寻边器以合理的转速旋转时,其右半部分受离心力而发生偏心,使用适当的倍率移动寻边器,使寻边器的工作外圆与工件表面接触并使其上下两部分刚好同心,此时寻边器轴心与工件表面距离等于工作外圆的半径。

对刀方法如下(以图 1-71 为例介绍):
① 将装有寻边器的刀柄安装到主轴上。
② 在 MDI 状态下启动主轴(S200~S400)。
③ 采用"手轮"方式先将寻边器移动至工件 A 侧面附近,再使寻边器的工作外圆逐渐靠近工件 A 侧面(手轮倍率应合理,建议当距离较小时增量倍率选择"×10")。

④ 以步进方式使寻边器向工件 A 侧面移动,当寻边器接触工件表面且同心时停止移动。

⑤ 将显示切换为相对坐标界面,使 X 坐标值归零。

⑥ 移动寻边器离开 A 侧面,按照步骤③、④使寻边器接触工件 B 侧面且同心时停止移动。

⑦ 记下相对坐标界面上的当前 X 坐标值(记为 X_L),移动寻边器离开 B 侧面。

⑧ 移动寻边器至 $X_L/2$ 处。

⑨ 进入工件坐标系设置界面,移动光标至"01(G54)"所对应的 X 参数栏,将当前位置所对应的机床坐标 X 值输入缓存区中,按下 INPUT 功能键完成 X 对刀值的输入。

说明:

① Y 轴对刀方式与 X 轴对刀方式相同,在此省略介绍。

② 输入对刀参数时,也可将光标移至"01(G54)"所对应的坐标轴参数栏内(例如 Y 轴),输入"Y0"并选择软功能键[测量],同样能够完成其数据输入。

③ 对刀时坐标轴的移动倍率以及工件表面质量等情况都会影响对刀精度,因此需要综合考虑,确定合理的对刀方式。

7. 程序校验与工件试切

1) 加工准备

在自动加工前,认真检查程序输入、对刀参数及刀补参数是否正确,检查工件装夹等是否正确,做好加工前的准备工作。

2) 校验程序

在自动加工前,必须对加工程序进行校验,确保程序正确后才能进行自动加工。加工程序一般采用空运行及模拟刀路轨迹的方式进行校验。在校验程序之前,应将刀具抬高,以确保安全。

(1) 空运行校验。空运行方式校验程序是在使刀具不接触工件(刀具一般处于工件上方)的前提下执行程序(即空走刀),刀具以快速运动方式划出刀具路线,观察刀具实际运动路线是否正确。

操作步骤如下:

① 进入工件坐标系设置界面,移动光标至"00(EXT)"所对应的 Z 参数栏,输入高度方向的安全数值(如"Z20.0"),此值输入后程序中的所有 Z 坐标值将抬高 20mm(此距离即为空运行的安全距离)。

② 将机床控制面板上的"进给倍率修调旋钮"置零,将显示调节为程序检查界面。

③ 切换机床工作状态为"自动运行",选中机床控制面板上的"空运行"按钮(即打开"空运行"方式)及"单段"按钮。

④ 选择机床控制面板上的"循环启动"按钮执行程序,适时调节"进给倍率修调旋钮"以控制刀具运动速度,确保运行安全。

⑤ 观察刀具运动路线是否与程序编写路径一致,同时观察程序检查界面中的"待走量"数据是否与刀具运动距离一致。

⑥ 重复步骤④、⑤直到程序执行完毕。

⑦ 复选"空运行"按钮(即取消"空运行"方式)。

⑧进入工件坐标系设置界面,将"00(EXT)"中的数据清零(即输入"0"),完成空运行校验。

说明:当在空运行校验过程中发现程序错误或将要发生撞刀时,应立即将"进给倍率修调旋钮"置零,选择 MDI 键盘上的 RESET 功能键停止程序,将刀具抬高至安全位置后重新修改程序及参数,然后再次校验直到程序及参数完全正确。

(2) 模拟刀路轨迹校验。模拟刀路轨迹是使用数控系统的图形模拟功能,将程序的刀路轨迹以线条的形式显示给操作者,操作者通过检查此刀路轨迹是否与编程路线一致,以校验程序是否正确。

操作步骤如下:

① 选择 MDI 键盘上的 COSTOM GRAPH 功能键,将显示调节为图形模拟界面。

② 依次选中机床控制面板上的"空运行"→"机床锁住"→"辅助功能锁住"按钮。

③ 在"自动运行"状态下选择"循环启动"按钮执行程序,显示器中将绘制出刀具路线图。

④ 观察刀具路线图是否正确,若有错误,应停止并修改程序,然后再次模拟刀具路线图直到正确为止。

当刀路轨迹校验完成后,应复选"空运行"、"机床锁住"、"辅助功能锁住"按钮以取消各功能状态,将各坐标轴手动返回参考点,以便为后续加工做好准备。

3) 工件试切

当程序校验无误及其他准备工作就绪后,便可进行自动加工。

操作步骤如下:

(1) 关闭防护门,将机床控制面板上的"进给倍率修调旋钮"置零,调节显示为程序检查界面。

(2) 依次选择"自动运行"→"单段"按钮。

(3) 点按"循环启动"按钮执行程序,适时调节"进给倍率修调旋钮"以控制刀具运动速度,确保运行安全。

(4) 当完成 Z 向下刀后,复选"单段"按钮(即取消"单段"方式),使程序以自动连续运行方式运行,直到程序结束。

(5) 将"进给倍率修调旋钮"置零,测量工件加工结果,确认无误后取下工件,完成工件试切。

说明:

(1) 加工过程中精力集中,观察刀具切削路线是否与程序编写路径一致,同时观察程序检查界面中的"待走量"数据是否与刀具运动距离一致。

(2) 建议操作者将两手分别放在"循环暂停"按钮及"进给倍率修调旋钮"附近,遇到问题立即按下"循环暂停"按钮并同时将"进给倍率修调旋钮"置零;若出现紧急情况应立即按下急停按钮,然后进行相应的处理,如图 1-73 所示。

(3) 程序在运行过程中可根据需要暂停、停止、急停或重新运行。当程序正在执行时可进行如下几方面操作:

① 按下"进给保持"按钮时暂停程序执行(此时刀具进给运动暂停,但主轴仍然转

图1-73 操作建议

动),再选择"循环启动"按钮继续执行后续程序。

② 切换工作状态为"手动"时暂停程序执行(此时刀具进给运动暂停,但主轴仍然转动),若要继续执行程序,应将工作状态切换回"自动运行",选择"循环启动"按钮继续执行后续程序。

③ 按下"急停"按钮,程序中断运行,机床停止运动。若要继续运行,应先旋开"急停",使程序复位并从头开始执行。

(4) 若被加工工件为批量生产,则必须进行首件试切,待首件加工合格后,方可进行其余工件的加工。

1.2.8 报警处理与机床维护

1. 报警处理

当数控机床在操作过程中发生报警时,通常根据以下几种情况进行相应处理。

(1) 若机床在静止状态下发生报警或报警后机床停止运动,则直接通过报警信息界面获取报警详情,根据报警号及报警内容进行相应处理,选择 MDI 键盘上的 RESET 功能键解除报警。

(2) 若发生报警时机床未停止运动,应首先将"进给倍率修调旋钮"置零,再通过报警信息界面获取报警详情,根据报警号及报警内容进行相应处理,处理后若报警依然存在,则选择 MDI 键盘上的 RESET 功能键解除报警。

(3) 若某些报警无法用 RESET 功能键解除,则需关断机床电源,重新启动数控系统,然后再进行相应处理。

当数控机床发生报警时,通过查看 LCD 上的报警信息,可对报警情况进行相应处理。表1-14 中列出了部分常见的英文报警信息,表1-15 列出了常见的程序报警信息。

表1-14 英文报警信息(部分)

报警号	代号	显示内容	报警原因
1001	A0.1	HYDRAULIC PRESSURE LOW	液压压力低
1002	A0.3	EMERGENCY STOP	急停按钮输入

(续)

报警号	代号	显示内容	报警原因
1003	A0.5	BATTERY ALARM	电池报警
1004	A0.7	CNC ALARM	CNC 报警
1005	A1.4	HARDWARE LIMIT	撞硬限位报警
1006	A1.5	SPINDLE ARALM	主轴报警
1007	A2.1	CNC NO READY	CNC 准备没准备好
1009	A1.6	LUBRICATION OIL LACK	润滑液不足报警
2001	A0.4	AIR PRESSURE LOW	气压过低
2002	A0.6	CNC RESTORATION	CNC 复位
2003	A1.0	X AXIS RETURN REFERENCEING POINT	X 轴要回参考原点
2004	A1.1	Y AXIS RETURN REFERENCEING POINT	Y 轴要回参考原点
2005	A1.2	Z AXIS RETURN REFERENCEING POINT	Z 轴要回参考原点
2006	A1.3	4TH AXIS RETURN REFERENCEING POINT	第 4 轴要回参考原点
2007	A2.0	PEED OVERATE SWITCH IS0%	进给倍率为 0
2008	A2.2	SPINDLE NO DIRECTIONAL	主轴没有定向
2009	A2.3	Z AXIS NO IN THE 2TH REFERENCING POINT	Z 轴没在二参考点
2010	A2.4	Z AXIS NO IN THE 3TH REFERENCING POINT	Z 轴没在三参考点
2011	A2.5	NO SPINDLE SPEED SIGNAL	速度没达到
2012	A2.7	GUIDE LUBRICATION	导轨润滑压力低

表 1-15 程序报警信息(部分)

报警号	信息	报警原因
003	数字位太多	输入了超过允许位数的数据
004	地址没找到	在程序段的开始无地址而输入了数字或字符"-"。修改程序
005	地址后面无数据	地址后面无适当数据而是另一地址或 EOB 代码。修改程序
006	非法使用负号	符号"-"输入错误(在不能使用负号的地址后输入了"-"符号或输入了两个或多个"-"符号)。修改程序
007	非法使用小数点	小数点"."输入错误(在不允许使用的地址中输入了"."符号,或输了两个或多个"."符号)。修改程序
009	输入非法地址	在有效信息区输入了不能使用的字符。修改程序
010	不正确的 G 代码	使用了不能使用的 G 代码或指令了无此功能的 G 代码。修改程序
015	指令了太多的轴	超过了允许的同时控制轴数
020	超出半径公差	在圆弧插补(G02/G03)中,起始点与圆弧中心的距离不同于终点与圆弧中心的距离,差值超过了参数 3410 中指定的值
021	指令了非法平面轴	在圆弧插补中,指令了不在所选平面内(G17/G18/G19)的轴。修改程序
022	没有圆弧半径	在圆弧插补中,不管是 R(指定圆弧半径),还是 I,J,K(指定从起始点到中心的距离)都没有被指令

(续)

报警号	信息	报警原因
033	在 CRC 中无结果	刀具补偿 C 方式中的交点不能确定。修改程序
034	圆弧指令时不能起刀或取消刀补	刀具补偿 C 方式中 G02/G03 指令时企图起刀或取消刀补。修改程序
041	在 CRC 中有干涉	在刀具补偿 C 方式中,将出现过切。刀具补偿方式下连续指定了两个没有移动指令只有停刀指令的程序段。修改程序
073	程序号已使用	被指令的程序号已经使用。改变程序号或删除不要的程序,重新执行程序存储
087	缓冲区溢出	当使用阅读机/穿孔机接口向存储器输入数据时,尽管指定了读入终止指令,但再读入 10 个字节点,输入仍不中断。输入/输出设备或 PCB. 故障
101	请清除存储器	当用程序编辑操作对内存执行写入操作时,关闭了电源。如果该报警出现,按住[PROG]键,同时按住[RESET]键清除存储器,但是只删除编辑的程序
113	不正确指令	在用户宏程序中指定了不能用的功能指令。修改程序
114	宏程序格式错误	<公式>的格式错误。修改程序
115	非法变量号	在用户宏程序中指定了不能作为变量号的值。修改程序
124	缺少结束状态	DO－END 没有一一对应。修改程序
126	非法循环数	对 DOn 循环,条件 $1 \leq n \leq 3$ 不满足。修改程序

2. 机床维护

数控机床是技术密集度及自动化程序都很高的、典型的机电一体化产品。在机械制造业中,数控机床的档次和拥有量是反映企业制造能力的重要标志。但是在产品生产中,数控机床能否达到加工精度高、产品质量稳定、提高生产效率的目标,除了机床本身的精度和性能之外,还与操作者平时的使用规范以及正确的维护保养密切相关。因此,对数控机床进行正确的维护与保养是充分发挥其工作效能的重要保障之一。

数控机床维护不单纯是数控系统或机械部分等发生故障时进行的维修,还应该包括操作者的正确使用和日常保养等工作。

1) 维护保养的意义

数控机床使用寿命的长短和故障率的高低,不仅取决于机床本身的精度和性能,还取决于它的正确使用及维护保养。正确的维护与保养可以延长元器件的使用寿命,延长机械部件的磨损周期,防止意外恶性事故的发生,提高机床工作的稳定性,充分发挥数控机床的优势,保证企业的经济效益。

2) 维护保养的基本内容

(1) 一级维护。

① 日常维护:

- 检查自动润滑系统的油面高度,需要时及时补充(自动润滑油箱如图 1-74 所示);
- 检查冷却液液面高度,如有必要及时添加;

- 检查增压缸侧油杯里的液压油,不能低于油杯的 1/4;
- 检查供气气压是否达到 0.55~0.6MPa(图 1-75);
- 清除导轨面的脏物及切屑,排除切屑槽中的切屑。因为切屑堆积太高会影响 X、Y 向行程开关,造成回参考点错误;清扫切屑时不能踩踏 X、Y 向两端不锈钢防护罩,以防引起变形或损坏,防护罩变形可能会使机床运动中异响或影响机床运动精度。

图 1-74　自动润滑油箱　　　　图 1-75　气压表

② 每周维护(在日常维护基础上进行):
- 检查冷却液浓度,一般为 3%~5%;清洗切屑板型过滤器,确保切屑不进入冷却泵输送到管道中;从冷却液面撇出漂浮的导轨润滑油;
- 清除整个机床的切屑和脏物并擦干净;
- 检查所有导轨及其镶钢面,并涂上少量润滑油;
- 检查机床后部的空气过滤装置,若有污物,应重新更换元件。

(2) 二级维护。

年度维护(在每周维护基础上进行):
① 拆下供气气罐里的过滤元件并进行清洁处理;
② 检查主轴传动带的状况和张力;
③ 检查固定导轨和镶条位置,如有必要则进行调整;
④ 检查是否所有运动功能均有效;
⑤ 检查导轨刮板的状态,必要时进行更换;
⑥ 检查电路连接是否完整,并检查绝缘状况;
⑦ 检查冷却过滤装置状况,必要时进行更换;
⑧ 每半年在 X、Y、Z 三向丝杠支撑轴承中注射补充锂基润滑脂。

(3) 三级维护。

定期更换(2 年):
由专业维修人员更换电动拉杆的碟簧及主轴传动皮带。

1.2.9　数控加工仿真系统

数控加工仿真系统是基于虚拟现实的仿真软件,可以实现对数控机床加工全过程的仿真,其中包括毛坯定义与夹具,刀具定义与选用,零件基准测量和设置,数控程序输入、编辑和调试,加工仿真以及对各种错误的检测功能。

本节以宇龙仿真软件为对象,介绍 FANUC 0i 标准数控铣床仿真操作,此部分只介绍与真实数控铣床操作不同的内容,相同内容在此不作介绍。

1. 仿真软件基本操作

依次单击"开始→程序→数控加工仿真系统→数控加工仿真系统"(或双击桌面上的数控加工仿真系统快捷图标),系统将弹出"用户登录"界面,如图1-76所示。

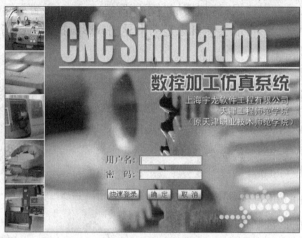

图1-76 登录界面

单击"快速登录"进入仿真软件主界面,如图1-77所示。仿真系统界面由以下三方面组成:

(1)菜单栏及快捷工具栏:图形显示调节及其他快捷功能图标,如图1-77①所示。

(2)机床显示区域:三维显示模拟机床,可通过视图选项调节显示方式,如图1-77②所示。

(3)系统面板区域:通过对该区域的操作,执行仿真对刀、参数设置及完成仿真加工,如图1-77③所示。

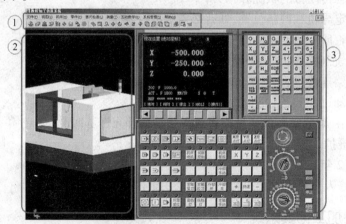

图1-77 软件主界面

1)对项目文件的操作

(1)项目文件的作用:保存操作结果,但不包括操作过程。

(2)项目文件包括的内容:

① 机床、毛坯、经过加工的零件、选用的刀具和夹具、在机床上的安装位置和方式;

② 输入的参数(工件坐标系、刀具长度和半径补偿数据);

③ 输入的数控程序。

(3) 项目文件的操作方法:

① 新建项目文件。依次单击菜单栏上的"文件"→"新建项目",选择新建项目后软件状态被视为回到重新选择机床后的初始状态。

② 打开项目文件。依次单击菜单栏上的"文件"→"打开项目",打开选中的项目文件夹,在文件夹中选择后缀名为".MAC"的文件并打开。

说明:".MAC"文件只有在仿真软件中才能被识别,因此只能在仿真软件中打开,而不能在外部直接打开。

③ 保存项目文件。依次单击菜单栏上的"文件"→"保存项目",选择需要保存的内容,单击"确认"将其保存。

如果保存一个新的项目或需要重命名保存项目,则依次单击菜单栏上的"文件"→"另存项目",需要保存的内容选择完毕后输入另存项目名称,单击"确认"将其保存。

按以上方式保存项目后,系统自动以用户设置的项目名称(或默认名称)创建一个文件夹,将相关文件放于该文件夹中。

说明:保存项目实际上是保存了一个文件夹及其内部的多个文件,这些文件中包含了上述2)中所列出的所有内容,并共同构成一个完整的仿真项目,因此文件夹中的任一文件丢失都会造成项目内容不完整,需特别注意。

2) 其他操作

(1) 视图变换的选择。在快捷工具栏中单击选择之一,它们分别对应于菜单"视图"下拉菜单的"复位"、"局部放大"、"动态缩放"、"动态平移"、"动态旋转"、"绕 X 轴旋转"、"绕 Y 轴旋转"、"绕 Z 轴旋转"、"左侧视图"、"右侧视图"、"俯视图"、"前视图";也可以将鼠标指针置于机床显示区域内,单击鼠标右键,弹出浮动菜单进行相应选择。将鼠标移至机床显示区,拖动鼠标左键可进行相应操作。

(2) 控制面板切换。在"视图"菜单栏或浮动菜单中选择"控制面板切换",或在快捷工具栏中点击 ,可完成控制面板切换。

当未选择"控制面板切换"时,面板状态如图 1-78 所示,此时整个界面均为机床模型空间,便于观察仿真加工过程及结果。

当选择"控制面板切换"后,面板状态如图 1-79 所示,此时界面分成了两部分,可在完成系统操作的同时观察仿真加工过程及结果。

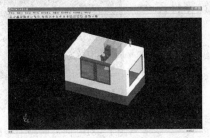

图 1-78 面板切换无效

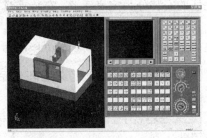

图 1-79 面板切换生效

(3) "选项"对话框。在"视图"菜单栏或浮动菜单中选择"选项",或在快捷工具栏

中选择 ,打开"选项"对话框。在该对话框中可以进行仿真倍率、仿真声音开/关、机床与零件显示等设置,如图1-80所示。

① "仿真加速倍率":调节仿真速度,有效数值1~100;为了提高仿真效率,可通过调高该值以提高仿真速度。

② "开/关":选择仿真加工过程中的声音是否打开,切屑是否显示。

③ "机床显示方式":调节模型空间机床显示为实体或透明;对其进行适当切换可便于仿真对刀及仿真加工观察等。

④ "机床显示状态":调节模型空间机床显示状态。

⑤ "零件显示方式":调节零件的显示方式。

图1-80 选项对话框

⑥ "显示机床罩子":当勾选时,机床外罩显示,反之外罩不显示(在进行铣床操作时,一般不显示机床罩子)。

⑦ "对话框显示出错信息":当勾选时,仿真加工过程中若出错,则系统以对话框的形式显示出错的详细信息;否则,出错信息将出现在屏幕的右下角。

⑧ "左键平移、右键旋转":该选项为对模型空间机床的显示进行操作,根据个人习惯不同,可以勾选或取消。

2. 数控系统的基本操作

1) 选择机床

通过菜单栏依次选择"机床"→"选择机床",打开机床选择对话框(也可通过单击快捷图标 选择机床),在控制系统选项中依次选择"FANUC"→"FANUC 0i",在机床类型选项中依次选择"铣床"→"标准",打开系统主界面。

2) 开机与回零

(1) 开机:单击标准面板右侧的"启动"按钮 ,使数控系统上电,然后单击"急停开关" 至凸起状态(即打开急停开关)。

(2) 回零:单击"回零"按钮 ,然后依次选择 → ,使Z轴回零;再以同样的方式将X、Y轴回零,当坐标轴回零之后, 所对应的指示灯亮,同时LCD界面中X、Y、Z轴坐标值均为0.000,如图1-81所示。

3) 安装毛坯与刀具

毛坯的安装分为定义毛坯、安装夹具及放置零件三个步骤。

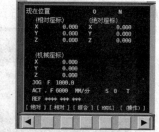

图1-81 回零后的坐标显示

(1) 定义毛坯:在"零件"菜单栏中单击"定义毛坯",或单击快捷图标 ,出现定义毛坯对话框,如图1-82所示。

① 定义毛坯名字。在毛坯名字输入框内输入毛坯名,也可使用默认值。

② 定义毛坯材料。毛坯材料列表框中提供了多种供加工的毛坯材料,可根据需要在"材料"下拉列表中选择毛坯材料,也可使用默认值。

③ 定义毛坯形状。在该仿真系统中,铣床有两种形状的毛坯供选择(长方形毛坯和圆柱形毛坯),可以在"形状"选项中单击选择所需的毛坯形状,如图1-82(a)、(b)所示。

④ 定义毛坯尺寸参数。在尺寸输入框中输入所定义毛坯的尺寸(以毫米为单位)。当毛坯相关内容定义完成之后,单击"确定"保存退出。

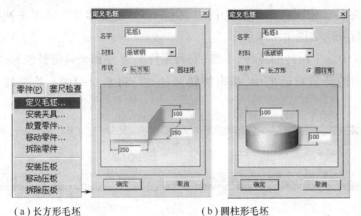

(a)长方形毛坯　　　　　(b)圆柱形毛坯

图1-82　定义毛坯

(2) 安装夹具。依次选择菜单栏中的"零件"→"安装夹具",或单击快捷图标🔧,出现选择夹具对话框,如图1-83所示。

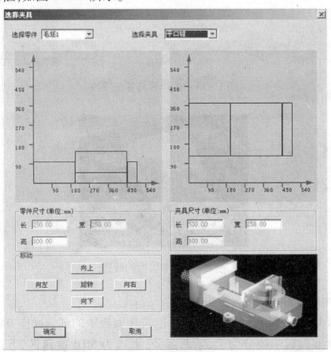

图1-83　选择夹具

① 在"选择零件"列表框中选择要加工的毛坯;

② 在"选择夹具"列表框中选择合适的夹具(方形零件一般选择工艺板或平口钳,圆形零件一般选择卡盘)进行装夹;

③ 在必要时单击各个方向的"移动"按钮调整毛坯在夹具上的位置,通常情况下不用对其进行调整;

④ 单击"确定"保存退出。

(3) 放置零件。依次选择菜单栏中的"零件"→" 放置零件",或单击快捷图标 ,出现选择零件对话框,如图1-84所示。

① 在列表中选中所需的零件,单击"安装零件",零件和夹具将被放到机床工作台上。

② 在弹出的调整对话框中,单击旋转按钮 ,将平口钳的长边旋转至 Y 方向,如图1-85所示。

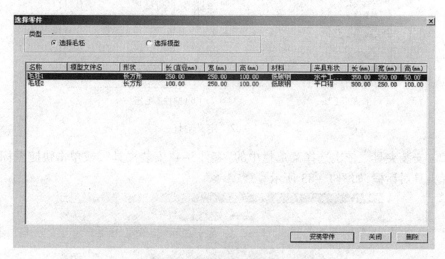

图1-84 选择被放置的零件

图1-85 平口钳的放置

4) 标准铣床面板介绍

下面对如图1-86所示的 FANUC 0i 标准铣床面板中的部分操作方法进行介绍。

数控铣床标准面板主要分为上、下两部分,上边为 MDI 键盘区,下边为机床控制面板区,仿真系统中的面板按钮绝大多数与数控铣床面板按钮图标及功能相同,因此在表1-16中只介绍与数控铣床面板不同的按钮及操作方法,其他按钮功能请参见表1-2、表1-4。

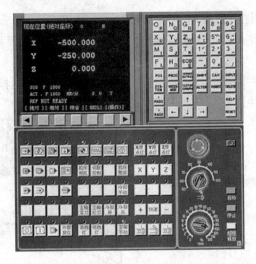

图 1-86 FANUC 0i 铣床标准面板

表 1-16 面板按钮说明

按钮	名称	功能说明
启动	启动	系统启动,此按钮被按下后,系统上电
停止	停止	系统停止,此按钮被按下后,系统断电
超程释放	超程释放	系统超程释放
H	手轮显示按钮	按下此按钮,则可以显示出手轮
		将工作状态调节为"手轮",该手轮面板上的各旋钮功能生效。 单击 H 按钮,将显示手轮面板,单击手轮面板右下角的 H 按钮手轮面板将被隐藏
	轴选择旋钮	手轮状态下,将光标移至此旋钮上后,通过单击鼠标的左键或右键来选择进给轴
	手轮倍率旋钮	手轮状态下,将光标移至此旋钮上后,通过单击鼠标的左键或右键来调节点动/手轮步长
	手轮	将光标移至此旋钮上后,通过单击鼠标的左键或右键来转动手轮
	手轮隐藏按钮	当手轮处于显示状态时,按下此按钮,则可以隐藏手轮

3. 仿真对刀

在仿真系统中对刀时,X、Y 轴方向对刀通常使用刚性靠棒或寻边器作为其对刀工具,Z 轴方向对刀则使用刀具进行,但均需要使用塞尺来检查其靠边结果。在介绍如下对刀方法时,设工件上表面几何中心点为编程原点。

1) X、Y 轴对刀(以刚性靠棒对 Y 轴方向为例)

刚性靠棒(刚性靠棒的工作外圆直径为 14mm)采用检查塞尺松紧的方式对刀,具体过程如下。

(1) 单击"机床"菜单中的"基准工具…",弹出基准工具对话框,如图 1-87 所示(左侧为刚性靠棒,右侧为寻边器),选择"刚性靠棒"图片,单击"确定"。

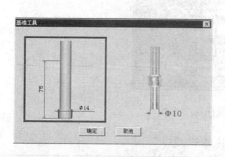

图 1-87 基准工具

图 1-88 靠近工件

(2) 单击机床控制面板中的"手动"按钮,再单击 MDI 键盘上的 POS 功能键,将显示调节为综合坐标界面。

(3) 单击"塞尺检查"菜单中的"1mm",选中厚度为 1mm 的塞尺,此时软件打开塞尺检查对话框并使塞尺(红色显示)贴紧左侧面。

(4) 将机床设为透明并调节为俯视图显示,借助"动态放缩"、"动态平移"等视图调整工具,移动坐标轴使刚性靠棒移至工件附近,如图 1-88 所示。

(5) 采用手轮方式以适当的倍率将刚性靠棒向工件侧面移动("-Y"方向),直到使得提示信息对话框显示"塞尺检查的结果:合适",如图 1-89 所示。

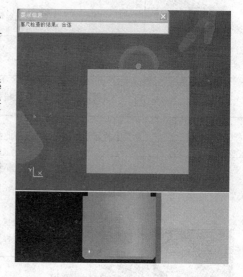

图 1-89 塞尺检查

(6) 将显示切换为相对坐标界面,使 Y 坐标值归零。

(7) 抬起 Z 轴,移动刚性靠棒至工件另一侧面,按步骤(5)的方式使"塞尺检查的结果:合适",记下该位置所对应的相对坐标 Y 值(记为 Y_L)。

(8) 抬起 Z 轴,移动刚性靠棒至 $Y_L/2$ 处;

(9) 进入工件坐标系设置界面,移动光标至"01(G54)"所对应的 Y 参数栏,将当前位置所对应的机床坐标 Y 值输入缓存区中,按下 INPUT 功能键完成 Y 对刀值的输入。

用同样的方法完成 X 轴方向的对刀,提起 Z 轴并停止主轴转动,单击"塞尺检查"菜单中的"收回塞尺"及"机床"菜单中的"拆除工具",完成 X、Y 轴方向对刀。

说明:在输入对刀参数时,也可将光标移至"01(G54)"所对应的 Y 参数栏后,输入"Y0"并选择软功能键[测量],同样能够完成其数据输入。

2) Z 轴对刀

Z 轴对刀也是采用检查塞尺松紧的方式进行,具体过程如下。

单击菜单"机床/选择刀具"(或使用快捷图标选择),选择所需刀具,装入主轴。

装好刀具后,进入"手动"状态,利用操作面板上的坐标轴按钮及方向按钮,将刀具移到工件上表面附近(图1-90)。

(1) 确认主轴停止转动,单击机床控制面板中的"手动"按钮,再单击 MDI 键盘上的 POS 功能键,将显示调节为综合坐标界面,观察"机床坐标"数值。

(2) 单击"塞尺检查"菜单中的"1mm",选中厚度为1mm 的塞尺,此时软件打开塞尺检查对话框并使塞尺(红色显示)贴紧工件上表面。

(3) 采用手轮方式以适当的倍率将刀具向工件上表面移动("-Z"方向),直到使得提示信息对话框显示"塞尺检查的结果:合适",如图1-91所示。

(4) 计算得出 Z 对刀值($Z = Z_{当前坐标值} - 塞尺厚度$),进入补偿参数设置界面,将计算所得的 Z 对刀值输入"外形(H)"所对应的001号参数表中。

完成对刀值输入后,抬高刀具并收回塞尺。

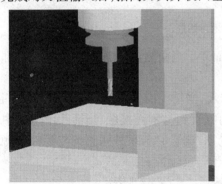
图1-90 刀具靠近工件

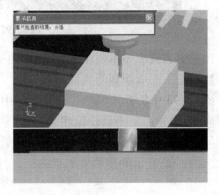
图1-91 "合适"位置

4. 仿真加工与检测

1) 仿真加工。

(1) 检查运行轨迹(图形模拟)。NC 程序完成编写后,可先通过检查线条轨迹来判断程序是否正确,然后便可进行加工。

将工作状态切换为"自动运行",单击 MDI 键盘上的 PROG 功能键及 COSTOM GRAPH 功能键,进入图形模拟状态(此时左侧显示区域中只显示刀具轨迹),单击"循环启动"按钮执行程序,同时观察程序的运行轨迹;可通过"视图"菜单中的动态旋转、动态放缩、动态平移等方式对轨迹进行动态观察,程序执行完毕后复选 COSTOM GRAPH 功能键,退出图形模拟状态。

(2) 自动加工。在"自动加工"状态下,单击"循环启动"按钮执行程序,程序以连续方式执行直到程序结束。在加工过程中可通过左侧的机床模拟显示区域观察切削情况。

具体操作方法可参见1.7节中的内容,在此不作详述。

2) 仿真检测

对零件进行仿真加工结束之后,通过仿真检测,检查零件是否合格。

在"测量"菜单中单击"剖面图测量...",打开测量对话框,可以通过选择零件上某一平面,利用卡尺测量该平面上的尺寸。如图1-92所示。

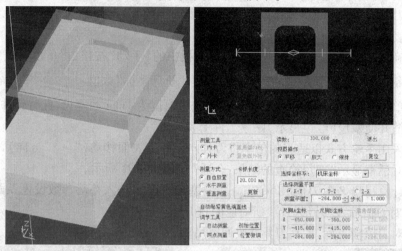

图1-92 测量对话框

在左侧的机床显示视图中,绿色的透明表面表示当前测量平面,右侧对话框上部显示零件被测量平面所剖切的截面形状。

图1-93中的标尺模拟了现实测量中的卡尺,当箭头由卡尺外侧指向卡尺中心时,为外卡测量,通常用于测量外轮廓,测量时卡尺内收直到与零件接触;当箭头由卡尺中心指向卡尺外侧时,为内卡测量,通常用于测量内轮廓,测量时卡尺外张直到与零件接触。对话框"读数"处显示的是两个卡爪的距离,相当于卡尺读数。

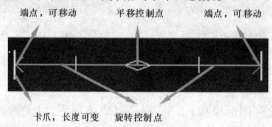

图1-93 测量标尺

(1) 对卡尺的操作。

① 两端的黄线和蓝线表示卡爪;

② 将光标停在某个端点的箭头附近,鼠标变为✥,此时可移动该端点;

③ 将光标停在旋转控制点附近,此时鼠标变为↻,这时可以绕中心旋转卡尺;

④ 将鼠标停在中心控制点附近,鼠标变为✥,拖动鼠标,保持卡尺方向不动,移动卡尺中心;

⑤ 对话框右下角"尺脚A坐标"显示卡尺黄色端坐标;"尺脚B坐标"显示卡尺蓝色

端坐标。

（2）视图操作。选择一种"视图操作"方式，用鼠标拖动，可以对零件及卡尺进行平移、放大的视图操作。选择"保持"时，鼠标拖放不起作用。单击"复位"，恢复为对话框初始进入时的视图。

（3）测量过程。

①选择测量平面（XY/YZ/XZ），再输入测量平面的具体位置（或者单击旁边的上下按钮移动测量平面，移动的步长可以通过右边的输入框输入），使被测轮廓显示于右侧窗口中；

②选择测量工具（内卡/外卡），移动卡尺至被测轮廓附近；

③选择测量方式（水平测量使卡尺保持水平放置，垂直测量使卡尺保持垂直放置，自由放置可由用户随意拖动放置）；

④选择调节工具，使卡尺按指定方式定位，有以下几种：

- 自动测量（选中该选项后外卡卡尺自动内收，内卡卡尺自动外张直到与零件边界接触，此时平移或旋转卡尺，卡尺将始终与实体区域边界保持接触，读数自动刷新）；
- 两点测量（选中该选项后，卡爪长度为零，一般用于内径或较窄内腔的测量）；
- 位置微调（选中该选项后，鼠标拖动卡尺的速度较慢，一般用于被测位置微调）；
- 初始位置（选中该选项后，卡尺的位置恢复到初始状态）；

⑤读取测量结果。

1.10 综合应用

1. 练习数控铣床的基本操作，熟悉系统面板各按钮功能。
2. 练习数控程序的输入，将书中的例题程序输入数控系统并进行检验。
3. 如图1-94所示零件，毛坯尺寸为60mm×60mm×20mm，刀具为φ10平底立铣刀，建立合适的坐标系，分别采用G90和G91方式完成该零件上的斜边凸台程序的编制。
4. 如图1-95所示零件，毛坯尺寸为60mm×60mm×15mm，刀具为φ16平底立铣刀，完成该零件上50mm×50mm×4mm凸台程序的编制，并在数控加工仿真系统中完成该零件的加工。

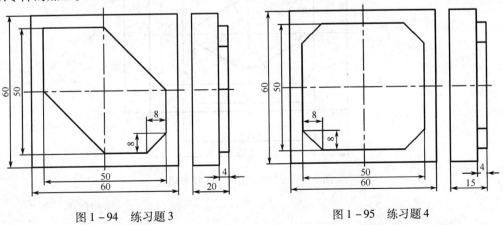

图1-94 练习题3　　　　　　图1-95 练习题4

学习情境 2 外轮廓铣削加工

2.1 任务目标

知识点
- 立铣刀的周铣削工艺
- 圆弧插补指令
- 刀具半径补偿

技能点
- 采用半径补偿方式编写数控铣加工程序
- 采用圆弧插补指令方式编写数控铣加工程序

2.2 任务引入

编写如图 2-1 所示外轮廓零件的加工程序,并在数控铣床上进行加工。毛坯为 125 mm × 125 mm × 25 mm,材料为 45 钢,小批量生产。

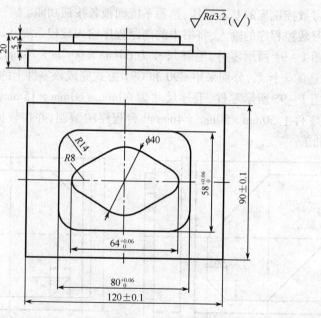

图 2-1 外轮廓铣削加工任务图

2.3 相关知识

2.3.1 立铣刀的介绍

1. 数控铣床常用刀具材料

常用的数控刀具材料有高速钢、硬质合金、涂层硬质合金、陶瓷、立方氮化硼、金刚石等。其中,高速钢、硬质合金和涂层硬质合金在数控铣削刀具中应用最广。

2. 常用轮廓铣削刀具

常用的轮廓铣削刀具主要有面铣刀、立铣刀、键槽铣刀、模具铣刀和成型铣刀等。

1)面铣刀

如图 2-2 所示,面铣刀的圆周表面和端面上都有切削刃,圆周表面的切削刃为主切削刃,端面上的切削刃为副切削刃。面铣刀多为套式镶齿结构,刀齿为高速钢或硬质合金,刀体为 40Cr。

刀片和刀齿与刀体的安装方式有整体焊接式、机夹焊接式和可转位式三种,其中可转位式是当前最常用的一种夹紧方式。

根据面铣刀刀具型号的不同,面铣刀直径可取 $d = 40 \sim 400 mm$,螺旋角 $\beta = 10°$,刀齿数取 $z = 4 \sim 20$。

图 2-2 面铣刀

2)平底立铣刀

如图 2-3 所示,立铣刀是数控机床上用得最多的一种铣刀。立铣刀的圆柱表面和端面上都有切削刃,圆柱表面的切削刃为主切削刃,端面上的切削刃为副切削刃,它们可同时进行切削,也可单独进行切削。主切削刃一般为螺旋齿,这样可以增加切削平稳性,提高加工精度。由于普通立铣刀端面中心处无切削刃,所以立铣刀不能进行轴向进给,端面刃主要用来加工与侧面相垂直的底平面。

图 2-3 平底立铣刀　　　　图 2-4 键槽铣刀

3）键槽铣刀

如图2-4所示,键槽铣刀一般只有两个刀齿,圆柱面和端面都有切削刃,端面刃延伸至中心,既像立铣刀,又像钻头。加工时先轴向进给达到槽深,然后沿键槽方向铣出键槽全长。

按国家标准规定,直柄键槽铣刀直径 $d = 2 \sim 22mm$,锥柄键槽铣刀直径 $d = 14 \sim 50mm$。键槽铣刀直径的精度要求较高,其偏差有 e8 和 d8 两种。键槽铣刀重磨时,只需刃磨端面切削刃,因此重磨后铣刀直径不变。

4）模具铣刀

模具铣刀由立铣刀发展而成,可分为圆锥形立铣刀、(圆锥半角 $a = 3°、5°、7°、10°$)、圆柱形球头立铣刀和圆锥形球头立铣刀三种,其柄部有直柄、削平型直柄和莫氏锥柄。模具铣刀中,圆柱形球头立铣刀在数控机床上应用较为广泛,如图2-5所示。

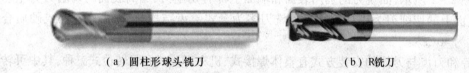

（a）圆柱形球头铣刀　　　　　　（b）R铣刀

图2-5　模具铣刀

5）其他铣刀

轮廓加工时除使用以上几种铣刀外,还使用鼓形铣刀和成型铣刀等。

2.3.2　铣削用量的选用

铣削加工的切削用量包括切削速度、进给速度、背吃刀量和侧吃刀量。从刀具耐用度出发,切削用量的选择方法是:先选择背吃刀量或侧吃刀量,其次选择进给速度,最后确定切削速度。

1. 背吃刀量 a_p 或侧吃刀量 a_e

背吃刀量 a_p 为平行于铣刀轴线测量的切削层尺寸,单位为 mm。端铣时,a_p 为切削层深度;而圆周铣削时,为被加工表面的宽度。侧吃刀量 a_e 为垂直于铣刀轴线测量的切削层尺寸,单位为 mm。端铣时,a_e 为被加工表面宽度;而圆周铣削时,a_e 为切削层深度,见图2-6。

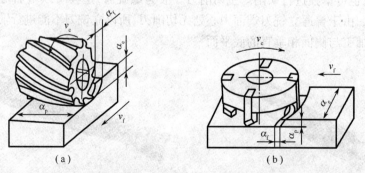

图2-6　铣削加工的切削用量

背吃刀量或侧吃刀量的选取主要由加工余量和对表面质量的要求决定。

（1）当工件表面粗糙度值要求为 $Ra = 12.5 \sim 25 \mu m$ 时，如果圆周铣削加工余量小于5mm，端面铣削加工余量小于6mm，粗铣一次进给就可以达到要求。但是在余量较大、工艺系统刚性较差或机床动力不足时，可分为两次进给完成。

（2）当工件表面粗糙度值要求为 $Ra = 3.2 \sim 12.5 \mu m$ 时，应分为粗铣和半精铣两步进行。粗铣时背吃刀量或侧吃刀量选取同前。粗铣后留 $0.5 \sim 1.0mm$ 余量，在半精铣时切除。

（3）当工件表面粗糙度值要求为 $Ra = 0.8 \sim 3.2 \mu m$ 时，应分为粗铣、半精铣、精铣三步进行。半精铣时背吃刀量或侧吃刀量取 $1.5 \sim 2mm$；精铣时，圆周铣侧吃刀量取 $0.3 \sim 0.5mm$，面铣刀背吃刀量取 $0.5 \sim 1mm$。

2. 进给量 f 与进给速度 V_f 的选择

铣削加工的进给量 $f(mm/r)$ 是指刀具转一周，工件与刀具沿进给运动方向的相对位移量；进给速度 $v_f(mm/min)$ 是单位时间内工件与铣刀沿进给方向的相对位移量。进给速度与进给量的关系为 $v_f = nf$（n 为铣刀转速，单位 r/min）。进给量与进给速度是数控铣床加工切削用量中的重要参数，根据零件的表面粗糙度、加工精度要求、刀具及工件材料等因素，参考切削用量手册选取或通过选取每齿进给量 f_z，再根据公式 $f = Zf_z$（Z 为铣刀齿数）计算。

每齿进给量 f_z 的选取主要依据工件材料的力学性能、刀具材料、工件表面粗糙度等因素。工件材料强度和硬度越高，f_z 越小；反之则越大。硬质合金铣刀的每齿进给量高于同类高速钢铣刀。工件表面粗糙度要求越高，f_z 就越小。每齿进给量的确定可参考表2-1选取。工件刚性差或刀具强度低时，应取较小值。

表2-1 铣刀每齿进给量参考值

工件材料	f_z/mm			
	粗铣		精铣	
	高速钢铣刀	硬质合金铣刀	高速钢铣刀	硬质合金铣刀
钢	0.10~0.15	0.10~0.25	0.02~0.05	0.10~0.15
铸铁	0.12~0.20	0.15~0.30		

3. 切削速度 v_c

铣削的切削速度 v_c 与刀具的耐用度、每齿进给量、背吃刀量、侧吃刀量以及铣刀齿数成反比，而与铣刀直径成正比。其原因是当 f_z、a_p、a_e 和 Z 增大时，刀刃负荷增加，而且同时工作的齿数也增多，使切削热增加，刀具磨损加快，从而限制了切削速度的提高。为提高刀具耐用度，允许使用较低的切削速度。但是加大铣刀直径则可改善散热条件，可以提高切削速度。

铣削加工的切削速度 v_c 可参考表2-2选取，也可参考有关切削用量手册中的经验公式通过计算选取。

表 2-2 铣削加工的切削速度参考值

工件材料	硬度 HBS	铣削速度/(m/min) 硬质合金铣刀	铣削速度/(m/min) 高速钢铣刀	工件材料	硬度 HBS	铣削速度/(m/min) 硬质合金铣刀	铣削速度/(m/min) 高速钢铣刀
低、中碳钢	<220	60~150	20~40	工具钢	200~250	45~80	12~25
低、中碳钢	225~290	55~115	15~35	灰铸铁	100~140	110~115	25~35
低、中碳钢	300~425	35~75	10~15	灰铸铁	150~225	60~110	15~20
高碳钢	<220	60~130	20~35	灰铸铁	230~290	45~90	10~18
高碳钢	225~325	50~105	15~25	灰铸铁	300~320	20~30	5~10
高碳钢	325~375	35~50	10~12	可锻铸铁	110~160	100~200	40~50
高碳钢	375~425	35~45	5~10	可锻铸铁	160~200	80~120	25~35
合金钢	<220	55~120	15~35	可锻铸铁	200~240	70~120	15~25
合金钢	225~325	35~80	10~25	可锻铸铁	240~280	40~60	10~20
合金钢	325~425	30~60	5~10	铝镁合金	95~100	360~600	180~300
不锈钢		70~90	20~35	黄铜		180~300	60~90
铸钢		45~75	15~25	青铜		180~300	30~50

4. 常用碳素钢材料切削用量选择推荐表

在工厂的实际生产过程中,切削用量一般根据经验并通过查表的方式来进行选取。常用碳素钢件或铸铁件材料(HB150~HB300)切削用量的推荐值见表2-3。

表 2-3 常用钢件材料切削用量的推荐值

刀具名称	刀具材料	切削速度/(m/min)	进给量(速度)/(mm/r)	背吃刀量/mm
中心钻	高速钢	20~40	0.05~0.10	0.5D
标准麻花钻	高速钢	20~40	0.15~0.25	0.5D
标准麻花钻	硬质合金	40~60	0.05~0.20	0.5D
扩孔钻	硬质合金	45~90	0.05~0.40	≤2.5
机用铰刀	硬质合金	6~12	0.3~1	0.10~0.30
机用丝锥	硬质合金	6~12	P	0.5P
粗镗刀	硬质合金	80~250	0.10~0.50	0.5~2.0
精镗刀	硬质合金	80~250	0.05~0.30	0.3~1
立铣刀或键槽铣刀	硬质合金	80~250	0.10~0.40	1.5~3.0
立铣刀或键槽铣刀	高速钢	20~40	0.10~0.40	≤0.8D
面铣刀	硬质合金	80~250	0.5~1.0	1.5~3.0
球头铣刀	硬质合金	80~250	0.2~0.6	0.5~1.0
球头铣刀	高速钢	20~40	0.10~0.40	0.5~1.0

5. 计算公式

通过所学知识对进给量 f、背吃刀量 a_p、切削速度 v_c 三者进行合理选用。表2-4 提供了切削用量选择参考。

表 2-4 铣削切削参数计算公式表

符号	术语	单位	公式
v_c	切削速度	m/min	$v_c = \dfrac{\pi \times D_c \times n}{1000}$
n	主轴转速	r/min	$n = \dfrac{v_c \times 1000}{\pi \times D_c}$
v_f	进给速度	mm/min	$v_f = f_z \times n \times z_n$
		mm/r	$v_f = f_n \times n$
f_z	每齿进给量	mm	$f_z = \dfrac{v_f}{n \times z_n}$
f_n	每转进给量	mm/r	$f_n = \dfrac{v_f}{n}$

[例 2-1] 计算转速及进给速度

条件:加工 50mm×50mm×10mm 的凸台,毛坯材料 45 钢,选用 φ10 的硬质合金键槽铣刀,背吃刀量为 1.5mm。请计算转速 S 的范围及进给速度 F 各是多少?(注意进给速度 F 的单位为 mm/min)

刀具名称	刀具材料	切削速度/(m/min)	进给量/(mm/r)	背吃刀量/mm
中心钻	高速钢	20~40	0.05~0.10	0.5D
立铣刀	硬质合金	80~250	0.10~0.40	1.5~3.0
或键槽铣刀	高速钢	20~40	0.10~0.40	≤0.8D
面铣刀	硬质合金	80~250	0.5~1.0	1.5~3.0

解:

$$n_1 = \dfrac{1000v_c}{\pi d} = \dfrac{1000 \times 80}{3.14 \times 10} = 2547(\text{r/min}), F_1 = n_1 \times f = 2547 \times 0.10 = 254(\text{mm/min})$$

$$n_2 = \dfrac{1000v_c}{\pi d} = \dfrac{1000 \times 250}{3.14 \times 10} = 7961(\text{r/min}), F_2 = n_2 \times f = 7961 \times 0.4 = 3184(\text{mm/min})$$

根据以上计算可知,转速 S 的范围为 2547~7961r/min,进给速度 F 的范围为 254~3184mm/min。

2.3.3 立铣刀的周铣削工艺

1. 起止高度与安全高度

1)起止高度

起止高度是指进退刀的初始高度(起始和返回平面)。程序开始时,刀具将先到这一高度,同时在程序结束后,刀具也将退回到这一高度,起止高度一般大于或等于安全高度,如图 2-7 所示。

2)安全高度

安全高度也称为提刀高度(安全平面),是为了避免刀具碰撞工件而设定的高度(Z 值)。安全高度是在铣削过程中,刀具需要转移位置时将退到这一高度再进行 G00 快速定位到下一进刀位置,此值一般情况下应大于零件的最大高度(即高于零件的最高表面),如图2-7、图2-8所示。

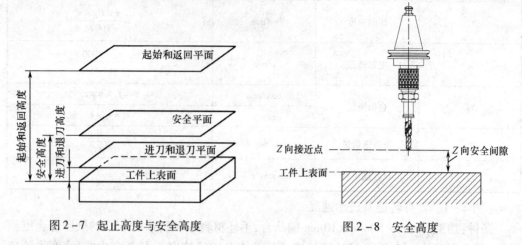

图2-7 起止高度与安全高度　　　　　图2-8 安全高度

3)进刀和退刀高度

刀具在此高度位置实现快速下刀与切削进给的过渡(进刀和退刀平面),刀具以G00快速下刀到指定位置,然后以接近速度下刀到加工位置(图2-9)。如果不设定该值,刀具以G00的速度直接下刀到加工位置。若该位置又在工件内或工件上,且采用垂直下刀方式,则极不安全。即使是空的位置下刀,使用该值也可以使机床有缓冲过程,确保下刀所到位置的准确性,但是该值也不宜取得太大,因为下刀插入速度往往比较慢,太长的慢速下刀距离将影响加工效率。

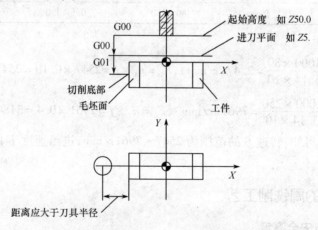

图2-9 Z向下刀

在加工过程中,当刀具需要在两点间移动而不切削时,是否要提刀到安全平面呢?当设定为抬刀时,刀具将先提高到安全平面,再在安全平面上移动;否则将直接在两点间移动而不提刀。直接移动可以节省抬刀时间,但是必须要注意安全,在移动路径中不能有凸出的部位。特别注意在编程中,当分区域选择加工曲面并分区加工时,中间没有选择的部分是否有高于刀具移动路线的部分。在粗加工时,对较大面积的加工通常建议使用抬刀,以便在加工时可以暂停,对刀具进行检查。而在精加工时,常使用不抬刀以加快加工速度,特别是像角落部分的加工,抬刀将造成加工时间大幅延长,如图2-7所示。

2. 水平方向进/退刀方式

为了改善铣刀开始接触工件和离开工件表面时的状况,数控编程时一般要设置刀具接近工件和离开工件表面时的特殊运行轨迹,以避免刀具直接与工件表面相撞和保护已加工表面。水平方向进/退刀方式分为"直线"与"圆弧"两种方式,分别需要设定进/退刀线长度和进/退刀圆弧半径。

精加工轮廓时,比较常用的方式是,以被加工表面相切的圆弧方式接触和退出工件表面,如图2-10所示,图中的切入轨迹是以圆弧方式与被加工表面相切,退出时也是以一个圆弧轨迹离开工件。另一种方式是,以被加工表面法线方向进入和退出工件表面,进入和退出轨迹是与被加工表面相垂直(法向)的一段直线,此方式相对轨迹较短,适用于表面要求不高的情况,常在粗加工或半精加工中使用。

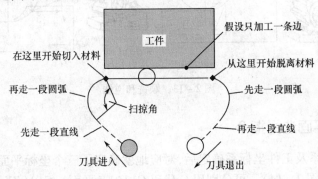

图2-10 水平方向进/退刀方式

外轮廓常见的水平方向进/退刀方式如图2-11、图2-12所示。

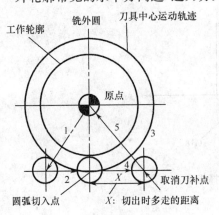

图2-11 外圆铣削

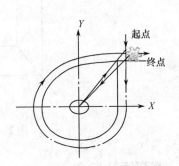

图2-12 刀具切入和切出时的外延

3. 顺铣和逆铣

顺铣——切削处刀具的旋向与工件的送进方向一致。

通俗地说,是刀齿追着材料"咬",刀齿刚切入材料时切得深,而脱离工件时则切得少。顺铣时,作用在工件上的垂直铣削力始终是向下的,能起到压住工件的作用,对铣削加工有利,而且垂直铣削力的变化较小,故产生的振动也小,机床受冲击小,有利于减小工件加工表面的粗糙度值,从而得到较好的表面质量,同时顺铣也有利于排屑,数控铣削加工一般尽量用顺铣法加工。

逆铣——切削处刀具的旋向与工件的送进方向相反。

通俗地说,是刀齿迎着材料"咬",刀齿刚切入材料时切得薄,而脱离工件时则切得厚。这种方式机床受冲击较大,加工后的表面不如顺铣光洁,消耗在工件进给运动上的动力较大。由于铣刀刀刃在加工表面上要滑动一小段距离,刀刃容易磨损。但对于表面有硬皮的毛坯工件,顺铣时铣刀刀齿一开始就切削到硬皮,切削刃容易损坏,而逆铣时则无此问题。

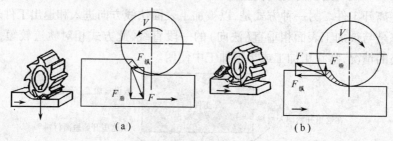

图2-13 顺铣和逆铣

2.3.4 坐标平面选择指令

当机床坐标系及工件坐标系确定后,对应地就确定了三个坐标平面,即 XY 平面、ZX 平面和 YZ 平面(图2-14)。可分别用 G 代码 G17(XY 平面)、G18(ZX 平面)和 G19(YZ 平面)表示这三个平面。

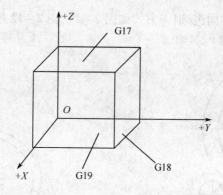

图2-14 平面选择指令

2.3.5 圆弧插补指令

1. 编程格式

程序段有两种书写方式,一种是圆心法,即 I、J、K 编程;另一种是半径法,即 R 编程。编程格式如下:

在 XY 平面内:G17 $\begin{Bmatrix} G02 \\ G03 \end{Bmatrix}$ X_ Y_ $\begin{Bmatrix} I\_J\_ \\ R\_ \end{Bmatrix}$ F_;

在 ZX 平面内：G18 $\begin{Bmatrix}G02\\G03\end{Bmatrix}$ X_ Z_ $\begin{Bmatrix}I\_K\_\\R\_\end{Bmatrix}$ F_;

在 YZ 平面内：G19 $\begin{Bmatrix}G02\\G03\end{Bmatrix}$ Y_ Z_ $\begin{Bmatrix}J\_K\_\\R\_\end{Bmatrix}$ F_;

2. 指令含义（表 2-5）

表 2-5 指令含义

条件	指令		说明
平面选择	G17		圆弧在 XY 平面上
	G18		圆弧在 ZX 平面上
	G19		圆弧在 YZ 平面上
旋转方向	G02		顺时针方向圆弧插补指令
	G03		逆时针方向圆弧插补指令
终点位置	G90 时	X、Y、Z	为终点数值，是工件坐标系中的坐标值
	G91 时	X、Y、Z	为从起点到终点的增量
圆心的坐标	I、J、K		圆弧起点到圆心的增量，如图 2-15 所示
半径	R		圆弧半径

注意：I、J、K 为起点到圆心的距离，见图 2-15，其算法为：圆心坐标值 - 圆弧起点坐标值，即

$$\begin{cases} J = Y_{圆心} - Y_{圆弧起点} \\ I = X_{圆心} - X_{圆弧起点} \\ K = Z_{圆心} - Z_{圆弧起点} \end{cases}$$

[例 2-2] 图 2-16 所示轨迹 AB，用圆弧指令编写的程序段如下：

圆弧 1：G03 X2.68 Y20.0 R20.0；
　　　　G03 X2.68 Y20.0 I-17.32 J-10.0；
圆弧 2：G02 X2.68 Y20.0 R20.0；
　　　　G02 X2.68 Y20.0 I-17.32 J10.0；

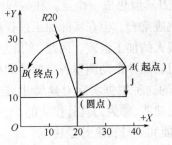

图 2-15 圆弧编程中的 I、J 值

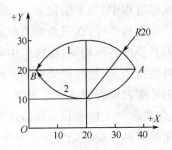

图 2-16 R 及 I、J、K 编程举例

3. 圆弧顺逆方向的判别

沿圆弧所在平面（如 XY 平面）的另一坐标轴（Z 轴）的正方向向负方向看，顺时针方向为顺时针圆弧（即 G02），逆时针方向为逆时针圆弧（即 G03）。如图 2-17 所示。

4. 注意事项

圆弧半径 R 有正值与负值之分。当圆弧圆心角小于或等于 180°（图 2-18 中圆弧 1）时，程序中的 R 用正值表示。当圆弧圆心角大于 180°并小于 360°（图 2-18 中圆弧 2）时，R 用负值表示。需要注意的是，该指令格式不能用于整圆插补的编程，整圆插补需用 I、J、K 方式编程。

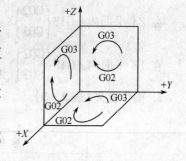

图 2-17 圆弧顺逆方向的判别

[例 2-3] 如图 2-18 所示轨迹 AB，用 R 指令格式编写的程序段如下：

圆弧 1：G03 X30.0 Y-40.0 R50.0 F100；

圆弧 2：G03 X30.0 Y-40.0 R-50.0 F100；

[例 2-4] 如图 2-19 所示，起点在 (20,0)，整圆程序的编写如下：

① 绝对值编程：G90 G02 X20.0 Y0 I-20.0 F300；

② 增量值编程：G91 G02 X0 Y0 I-20.0 F300；

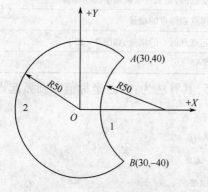

图 2-18 R 值的正负判断

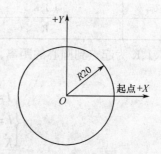

图 2-19 整圆程序的编写

2.3.6 刀具补偿

1. 刀具补偿功能

在数控编程过程中，为了编程方便，通常将数控刀具假想成一个点。在编程时，一般不考虑刀具的长度与半径，而只考虑刀位点与编程轨迹重合。但在实际加工过程中，由于刀具半径与刀具长度各不相同，在加工中势必造成很大的加工误差。因此，实际加工时必须通过刀具补偿指令，使数控机床根据实际使用的刀具尺寸自动调整各坐标轴的移动量，确保实际加工轮廓和编程轨迹完全一致。数控机床的这种根据实际刀具尺寸，自动改变坐标轴位置，使实际加工轮廓和编程轨迹完全一致的功能，称为刀具补偿功能。

数控铣床的刀具补偿功能分为刀具半径补偿功能和刀具长度补偿功能。

2. 刀位点

刀位点是指加工和编制程序时，用于表示刀具特征的点，如图 2-20 所示，也是对刀和加工的基准点。车刀与镗刀的刀位点，通常是指刀具的刀尖；钻头的刀位点通常指钻尖；立铣刀、端面铣刀的刀位点指刀具底面的中心；而球头铣刀的刀位点指球头中心（球头顶点）。

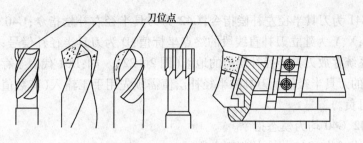

图 2-20　数控刀具的刀位点

3. 刀具半径补偿

1）刀具半径补偿功能

在编制轮廓铣削加工程序时，一般按工件的轮廓尺寸进行刀具轨迹编程，而实际的刀具运动轨迹与工件轮廓有一偏移量（即刀具半径），在编程中通过刀具半径补偿功能来调整坐标轴移动量，以使刀具运动轨迹与工件轮廓一致。因此，运用刀具半径补偿功能来编程可以达到简化编程的目的。

根据刀具半径补偿在工件拐角处过渡方式的不同，刀具半径补偿通常分为 B 型刀具半径补偿和 C 型刀具半径补偿两种。

B 型刀具半径补偿在工件轮廓的拐角处采用圆弧过渡，如图 2-21（a）所示的圆弧 DE。这样在外拐角处，刀具切削刃始终与工件尖角接触，刀具的刀尖始终处于切削状态。采用此种刀具半径补偿方式会使工件上尖角变钝、刀具磨损加剧，甚至在工件的内拐角处还会引起过切现象。

C 型刀具半径补偿采用了较为复杂的刀偏计算，计算出拐角处的交点，如图 2-21（b）所示 B 点，使刀具在工件轮廓拐角处采用了直线过渡的方式，如图 2-21（b）中的直线 AB 与 BC，从而彻底解决了 B 型刀具半径补偿存在的不足。FANUC 数控系统默认的刀具半径补偿形式为 C 型。下面讨论的刀具半径补偿都是指 C 型刀具半径补偿。

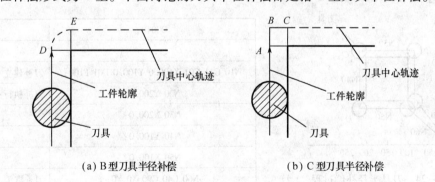

(a) B 型刀具半径补偿　　　　(b) C 型刀具半径补偿

图 2-21　刀具半径补偿的拐角过渡方式

2）刀具半径补偿指令格式

编程格式：

G41 G01/G00 X_ Y_ F _ D_;　　　　（刀具半径左补偿）
G42 G01/G00 X_ Y_ F _ D_;　　　　（刀具半径右补偿）
G40 G01/G00 X_ Y_ F_;　　　　　　（刀具半径补偿取消）

其中:G41 为刀具半径左补偿指令;G42 为刀具半径右补偿指令;G40 为刀具半径补偿取消指令;X、Y 为建立刀补直线段的终点坐标值;D 为刀具半径补偿号;其后有两位数字,是数控系统存放刀具半径补偿值的地址(图 2-22)。如:D01 代表了存储在刀补内存表第 1 号中的刀具半径值。刀具的半径补偿值需预先用手工输入(其数值不一定为刀具半径,可正可负。)

G41、G42、G40 均为模态指令。

3) G41 指令与 G42 指令的判断方法

处在补偿平面外另一坐标轴的正向,沿刀具的移动方向看,当刀具处在切削轮廓左侧时,称为刀具半径左补偿(即 G41);当刀具处在工件的右侧时,称为刀具半径右补偿(即 G42)。如图 2-23 所示。

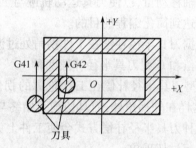

图 2-22 刀具半径补偿界面　　图 2-23 G41 指令与 G42 指令的判别

4) 刀具半径补偿过程

刀具半径补偿的过程分三步,即刀补的建立、刀补的执行和刀补的取消。如图 2-24 所示,程序如下:

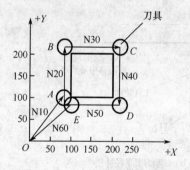

O0010;	
……	
N10 G41 G01 X100.0 Y100.0 D01 F100;	刀补建立
N20 Y200.0;	刀补执行
N30 X200.0;	
N40 Y100.0;	
N50 X100.0;	
N60 G40 G00 X0 Y0;	刀补取消
……	

图 2-24 刀具半径补偿过程

(1) 刀补的建立。在刀具从起点接近工件时,刀心轨迹从与编程轨迹重合过渡到与编程轨迹偏离一个偏置量的过程。在此过程中,刀具必须要有直线移动。

(2) 刀补的进行。刀具中心始终与编程轨迹相距一个偏置量直到刀补取消。一旦刀补建立,不论加工任何可编程的轮廓,刀具中心始终让开编程轨迹一个偏置值。

(3) 刀补的取消。刀具离开工件,刀心轨迹从与编程轨迹偏离一个偏置量过渡到与编程轨迹重合的过程。在此过程中,刀具亦必须要有直线移动。

5) 刀具半径补偿的作用

(1) 刀具因磨损、重磨、换新刀而引起刀具直径改变后,不必修改程序,只需在刀具参数设置中输入变化后的刀具直径。如图2-25(a)所示,1为未磨损的刀具,2为磨损后的刀具,两者直径不同,只需将刀具参数中的刀具半径 r_1 改为 r_2,即可适用同一程序。

(2) 使用同一个程序、同一把刀具,可同时进行精、粗加工。如图2-25(b)所示,刀具半径为 r,精加工余量为 a;粗加工时,偏置量设为 $(r+a)$,则加工出点画线轮廓;精加工时,用同一程序、同一刀具,但偏置量设为 r,则加工出实线轮廓。

(3) 在模具加工中,利用同一个程序,可加工出同一公称尺寸的凹、凸型面。如图2-25(c)所示,在加工外轮廓时,将偏置量设为 $+D$,刀具中心将沿轮廓的外侧切削;当加工内轮廓时,偏置量设为 $-D$,这时刀具中心将沿轮廓的内侧切削。

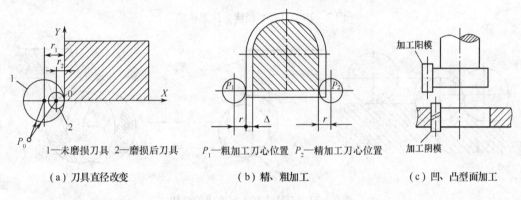

(a) 刀具直径改变　　　(b) 精、粗加工　　　(c) 凹、凸型面加工

1—未磨损刀具　2—磨损后刀具　　P_1—粗加工刀心位置　P_2—精加工刀心位置

图2-25　刀具半径补偿的作用

6) 注意事项

(1) 在刀补的建立状态中,如果存在有两段以上的没有移动指令或存在非指定平面轴的移动指令段,则可能产生进刀不足或进刀超差,如图2-26(a)所示。其原因是数控系统预读的两个程序段都没有进给,因而无法确定刀具的前进方向。非补偿平面移动指令通常指:只有G、M、S、F、T代码的程序段(如G90,M05等)、程序暂停程序段(如G04 X10.0)和G17平面加工中的Z轴移动指令等。

(2) 为保证工件质量,在切入前建立刀补,在切出后撤消刀补。即刀补的建立和取消应该在工件轮廓以外(如延长线上)进行,如图2-26(b)所示。

(3) 当刀具半径大于所加工工件内轮廓转角、沟槽以及大于加工台阶高度时会产生过切(图2-27)。

(4) 刀具半径补偿模式的建立与取消程序段,只能在G00或G01移动指令模式下才有效。当然,现在有部分系统也支持G02、G03模式,但为防止出现差错,最好不使用G02、G03指令。

(5) 为保证刀补建立与刀补取消时刀具与工件的安全,通常采用G01运动方式来建立或取消刀补。如果采用G00运动方式来建立或取消刀补,则要采取先建立刀补再下刀或先退刀再取消刀补的方法。

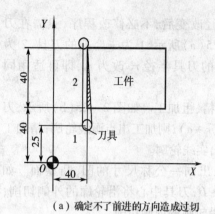
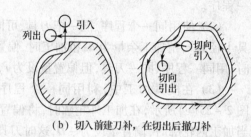

(a) 确定不了前进的方向造成过切　　　(b) 切入前建刀补,在切出后撤刀补

图 2-26　刀具半径建立注意事项

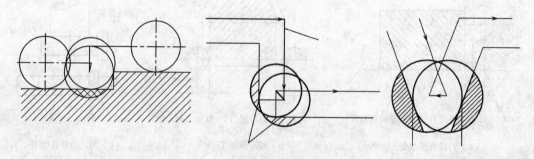

图 2-27　刀具选择不当造成的过切

（6）为了便于计算坐标,可采用切向切入方式或法向切入方式来建立或取消刀补。对于不便于沿工件轮廓切向或法向切入切出时,可根据情况增加一个辅助程序段。刀具半径补偿建立与取消程序段的起始位置与终点位置尽量与补偿方向在同一侧,如图 2-28 中的 OA 所示,以防止在刀具半径补偿建立与取消过程中刀具产生过切现象,如图 2-28 中 OM 所示。

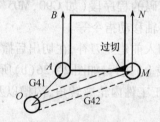

图 2-28　刀补建立时的起始与终点位置

7）刀具半径补偿加工实例

［例 2-4］如图 2-29(a) 所示,选用 $\phi 16mm$ 键槽铣刀在 80mm×80mm×20mm 的毛坯上加工 60mm×60mm×5mm 的外形轮廓,试编写加工程序。

加工程序如下：

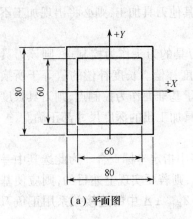
(a) 平面图

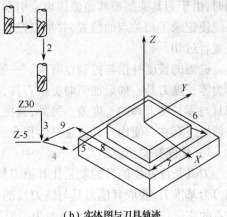
(b) 实体图与刀具轨迹

图 2-29 刀具半径补偿编程实例

程序	注释
O0010;	程序名
G90 G94 G40 G80 G49 G21 G17;	程序初始化
G91 G28 Z0;	刀具回 Z 向零点
G54 G90 G00 X-60.0 Y-60.0;	设定工件坐标系,刀具快速点定位到工件外侧,轨迹1
M03 S600 M08;	主轴正转,开切削液
G43 G00 Z100.0 H01;	刀具长度补偿
Z30.0;	Z 向快速点定位,轨迹2
G01 Z-5.0 F50;	刀具切削进给至切削层深度,轨迹3
G41 G01 X-30.0 Y-50.0 F100 D01;	建立刀具半径补偿,切向切入,轨迹4
Y30.0;	G17 平面切削加工,轨迹5
X30.0;	轨迹6
Y-30.0;	轨迹7
X-50.0;	轨迹8
G40 G01 X-60.0 Y-60.0;	取消刀具半径补偿,轨迹9
G00 Z50.0;	刀具 Z 向退刀
M30;	程序结束并返回

4. 刀具长度补偿

如图 2-30 所示,数控镗、铣床和加工中心所使用的刀具,每把刀具的长度都不相同,同时,由于刀具磨损或其他原因也会引起刀具长度发生变化,然而一旦对刀完成,则数控系统便记录了相关点的位置,并加以控制。这样如果用其他刀具加工,则必将出现加工不足或者过切。

铣刀的长度补偿与控制点有关。一般用一把标准刀具的刀头作为控制点,则该刀具称为零长度刀具。如果加工时更换刀具,则需要进行长度补偿。长度补偿的值等于所换刀具与零长度刀具的长度差。另外,当把刀具长度的测量基准面作为控制点,则刀具长度补偿始终存在。使用刀具长度补偿指令,可使每一把刀具加工出的深度尺寸都正确。

1) 长度补偿功能的类型

刀具长度补偿的目的就是让其他刀具刀位点与程序中指定坐标重合。为此选其中一把刀为基准刀,获取其他刀具与该刀具的长度差,记为 Δ,则若要实现上述目的,则应使基准点的实际位置是 $Z = Z_{程序} \pm \Delta$。为了便于表达,将 $Z = Z_{程序} \pm \Delta$ 中的连接关系用正负刀具长度识记。

2) 刀具长度补偿的实现(分为三步)

(1) 刀补的建立。在刀具从起点开始到达安全高度,基准点轨迹从与编程轨迹重合过渡到与编程轨迹偏离一个偏置量的过程。

(2) 刀补进行。基准点始终与编程轨迹相距一个偏置量直到刀补取消。

(3) 刀补取消。刀具离开工件,基准点轨迹从与编程轨迹偏离一个偏置量过渡到与编程轨迹重合的过程。

3) 刀具长度补偿指令

编程格式:

G43 G00/G01 Z_ H_;　　　　(刀具长度正补偿)

G44 G00/G01 Z_ H_;　　　　(刀具长度负补偿)

G49 G00/G01 Z_;　　　　　　(取消刀具长度补偿)

其中:G43 为刀具长度正补偿,指令基准点沿指定轴的正方向偏置补偿地址中指定的数值;G44 为刀具长度负补偿,指令基准点沿指定轴的负方向偏置补偿地址中指定的数值;Z 为为补偿轴的终点值(在 G43/G44 中表示编程坐标数值,在 G49 中表示机床坐标数值);H 为刀具长度补偿号,是刀具长度偏移量的存储器地址(图 2 - 31);G49 为取消刀具长度补偿;

G43、G44、G49 均为模态指令,它们可以相互注销。

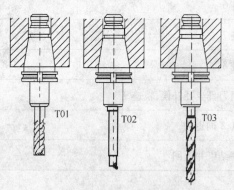

图 2 - 30　刀具安装　　　　　　　　　图 2 - 31　刀具长度补偿界面

说明：

（1）进行刀具长度补偿前，必须完成对刀工作，即补偿地址下必须有相应补偿量；

（2）刀补的引入和取消要求应在 G00 或 G01 程序段，且必须在 Z 轴上进行；

（3）G43、G44 指令不要重复指定，否则会报警；

（4）一般刀具长度补偿量的符号为正，若取为负值时，会引起刀具长度补偿指令 G43 与 G44 相互转化。

4）刀具长度补偿的作用

（1）使用刀具长度补偿指令，在编程时不必考虑刀具的实际长度及各把刀具长度尺寸的不同。

（2）当由于刀具磨损、更换刀具等原因引起刀具长度尺寸变化时，只要修正刀具长度补偿量，而不必调整程序或刀具。

5）刀具长度补偿量的确定

如图 2-32(a)所示，第一种方法是先通过机外对刀法测量出刀具长度（图中 H01 和 H02），作为刀具长度补偿值（该值应为正），输入到对应的刀具补偿参数中。此时，工件坐标系（G54）中 Z 值的偏置值应设定为工件原点相对机床原点 Z 向坐标值（该值为负）。

如图 2-32(b)所示，第二种方法是将工件坐标系（G54）中 Z 值的偏置值设定为零，即 Z 向的工件原点与机床原点重合，通过机内对刀测量出刀具 Z 轴返回机床原点时刀位点相对工件基准面的距离（图中 H01、H02 均为负值）作为每把刀具长度补偿值。

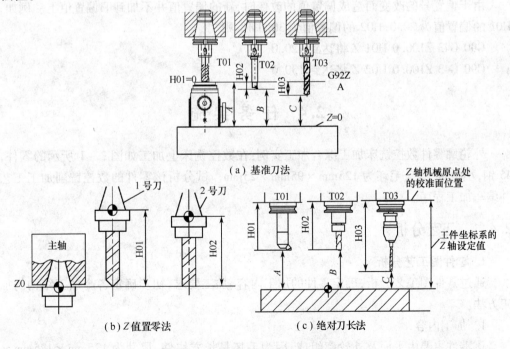

图 2-32 刀具长度补偿设定方法

如图 2-32(c)所示，第三种方法是将其中一把刀具作为基准刀，其长度补偿值为零，其他刀具的长度补偿值为与基准刀的长度差值(可通过机外对刀测量)。此时应先通过机内对刀法测量出基准刀在Z轴返回机床原点时刀位点相对工件基准面的距离,并输入到工件坐标系(G54)中Z值的偏置参数中。

6) 刀具长度补偿的应用

[例2-5] 按图2-33所示走刀路线完成数控加工程序编制。
(H01地址下置入偏移值为3.0)

```
O1234;
G21 G17 G40 G49 G80 G94 G98;
/G91 G28 Z0;
/G28 X0 Y0;
M03 S630;
G54 G90 G00 X70.0 Y25.0;
G43 Z50.0 H01;
G00 Z5.0;
G01 Z-30.0 F100;
G00 Z5.0;
X40.0 Y-45.0;
G01 Z-15.0 F80;
G04 P3000;
G00 Z50.0;
M30;
```

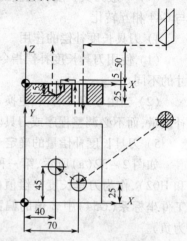

图2-33 刀具长度补偿加工

由于偏置号的改变而造成偏置值的改变时,新的偏置值并不加到旧偏置值上。例如,H01的偏置值为20.0,H02的偏置值为30.0时,则

G90 G43 Z100.0 H01 Z将达到120.0
G90 G43 Z100.0 H02 Z将达到130.0

2.4 任务实施

外轮廓零件数控铣床加工综合加工实例:在数控铣床上加工如图2-1所示的零件,45钢,小批量生产,毛坯为125mm×95mm×25mm。试分析该零件的数控铣削加工工艺并编写加工程序。

2.4.1 工艺分析

1. 零件图工艺分析

通过零件图工艺分析,确定零件的加工内容、加工要求,初步确定各个加工结构的加工方法。

1) 加工内容

该零件主要由平面及外轮廓组成,因为毛坯是长方块件,尺寸为125mm×125mm×25mm,加工内容为三个凸台:120mm×90mm×10mm凸台、80mm×58mm×5mm凸台以及最上边的菱形凸台。

零件的主要加工要求为:

(1) 120mm×90mm 凸台,要求保证长边尺寸 120±0.1,短边尺寸 90±0.1,零件总高尺寸要求保证 20。

(2) 80mm×58mm×5mm 凸台,要求保证长边尺寸 $80_{0}^{+0.06}$,短边尺寸 $58_{0}^{+0.06}$,4 边圆角保证 R14,高度尺寸 5。

(3) 菱形凸台,要求保证长边尺寸 $64_{0}^{+0.06}$,短边尺寸 $\phi40$,左右两侧圆角 R8,高度尺寸 5。

以上尺寸要求中未标注公差的基本尺寸可按自由尺寸公差等级 IT11~IT12 处理。

(4) 零件粗糙度要求为所有表面均保证 Ra3.2。

2) 各结构的加工方法

由于该零件结构为方形零件、小批量生产,零件 120mm×90mm 凸台及高度尺寸要求不高,可首先在普铣上完成长边尺寸 120±0.1、短边尺寸 90±0.1 及零件总高尺寸 20 的加工。其余轮廓表面质量及尺寸精度要求较高,因此适合在数控铣床上按粗铣→精铣的方法加工。

2. 机床选择

根据零件的结构特点及加工要求,选择在数控铣床上进行加工,选用配备 FANUC 0i 系统的 KV650 数控铣床加工该零件比较合适。该机床参数详见表 1-1。

3. 装夹方案的确定

根据零件的结构特点,采用平口虎钳装夹,零件上的被夹持面选择前后两侧,以底面定位。由于零件加工的总高度为 10mm,因此零件宜高出钳口 10mm 以上,底面使用垫块支承定位,装夹示意图如图 2-34 所示。由于在数控铣床加工之前,零件的外形尺寸已经加工到位,因此在数控铣床上装夹时需要将工件上表面校平,以保证零件加工的正确性。

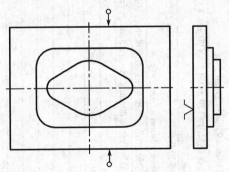

图 2-34 装夹示意图

4. 工艺过程卡片制定

5. 加工顺序的确定

由于在普铣上已经加工完成 120mm×90mm×20mm 凸台且尺寸已保证,因而在数控铣床上只需完成其上两凸台的加工。按照先粗后精的原则,先从上到下完成其粗加工,再进行各轮廓的精加工。在粗加工时,由于在 120mm×90mm 平面上有两个不同形状的凸台,因此应该在深度方向分两层加工,第一层先去除菱形凸台周边的残料,第二层去除 80mm×58mm×5mm 凸台周边的残料。

表 2-6 工艺过程卡

(工厂)		机械工艺过程卡		产品型号		零件图号			共 页	第 页
				产品名称		零件名称				
材料牌号	45钢	毛坯种类		毛坯外型尺寸	125mm×95mm×25mm	每毛坯可制件数		每台件数	备注	
工序号	工序名称		工序内容			车间	工段	设备	工艺装备	工时/min
										准终 | 单件
1	备料		备料125mm×95mm×25mm方板							
2	普铣		铣六面,保证尺寸(120±0.1)×(90±0.1)×20,保证表面质量Ra6.3			金工				
3	数控铣		1. 粗铣菱形凸台及80mm×58mm×5mm凸台,两凸台边留0.1mm余量,两凸台高度至图纸要求尺寸,保证表面质量Ra3.2 2. 精铣菱形凸台及80mm×58mm×5mm凸台,凸台至图纸要求				数控	KV650		
4	检验									
								设计(日期)	审核(日期)	标准化(日期)	会签(日期)
描图										
描校										
底图号										
装订号										
标记	处数	更改文件号	签字	日期		标记	处数	更改文件号	签字	日期

6. 刀具与量具的确定

因为该零件为平面类零件,适合选用平底立铣刀进行加工。在粗加工时主要考虑加工效率,因此可选用较大直径的平底立铣刀,精加工时可选用较小直径的立铣刀。该零件粗加工选择 $\phi 20$ 硬质合金立铣刀,$Z_n = 2$。精加工选择 $\phi 10$ 硬质合金立铣刀,$Z_n = 2$。

刀具与量具的选择分别参见表 2-7、表 2-8。

表 2-7 数控加工刀具卡片(参考)

产品名称或代号			零件名称		零件图号		
工步号	刀具号	刀具名称	刀具		刀具材料	备注
			直径/mm	长度/mm		
1	T01	平底立铣刀	$\phi 20$		硬质合金	2刃
2	T02	平底立铣刀	$\phi 10$		硬质合金	2刃
编制		审核		批准		共 页 第 页

表 2-8 量具卡片(参考)

产品名称或代号	零件名称		零件图号	
序号	量具名称	量具规格	精度	数量
1	游标卡尺	0~150mm	0.02mm	1把
2	粗糙度样板			1套
编制	审核		批准	共 页 第 页

7. 拟订数控铣削加工工序卡片

2.4.2 确定走刀路线及数控加工程序编制

1. 确定并绘制走刀路线

1) 粗加工走刀路线的确定

粗加工时,由于在 120mm×90mm 平面上有两个不同形状的凸台,因此在深度方向分两层加工,第一层铣削菱形凸台周边的残料,第二层铣削 80mm×58mm×5mm 凸台周边的残料。两个不同深度层的走刀路线如图 2-35 所示。

2) 精加工走刀路线的确定(图 2-36)

2. 数控加工程序编制

以工件上表面几何中心为编程原点,编程坐标系设置如图 2-37 所示。

表 2-9 数控铣削加工工序卡

数控加工工序卡		产品型号		零件图号			共 页	第 页
		产品名称		零件名称			材料牌号	45 钢
	车间	数控	工序号		工序名称			每台件数
	毛坯种类	板料	毛坯外形尺寸	120×90×20	每毛坯可制件数		同时加工	
	设备名称	数控铣床	设备型号	KV650	设备编号		切削液	
	夹具编号				夹具名称	平口虎钳		
	工位器具编号				工位器具名称		工序工时	单件
工步号	工步名称		工艺装备	主轴转速 /(r/min)	切削速度 /(m/min)	进给量 /(mm/min)	背吃刀量 /mm	进给次数
1	粗铣菱形凸台及80mm×58mm×5mm凸台,两凸台侧面单边留0.1mm余量,两凸台高度至图纸要求尺寸,表面质量 Ra3.2		KV650 数控铣床 φ20 立铣刀 游标卡尺	1100r/min	70m/min	330mm/min	5mm	
2	精铣菱形凸台及80mm×58mm×5mm凸台至图纸要求		KV650 数控铣床 φ10 立铣刀 游标卡尺	2500r/min	80m/min	500mm/min	5mm	
							准终	单件
							工时	机动
标记	处数	更改文件号	签字	日期		设计 (日期)	审核 (日期)	标准化 (日期)	会签 (日期)
标记	处数	更改文件号	签字	日期				
描图								
描校								
底图号								
装订号								

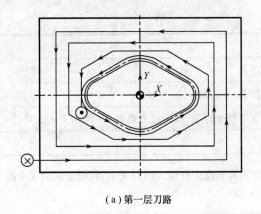 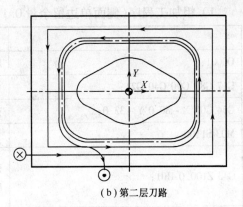

(a) 第一层刀路　　　　　　　　　　　　(b) 第二层刀路

图 2-35　粗加工刀路

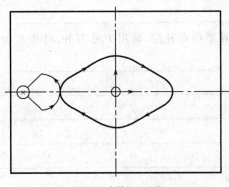 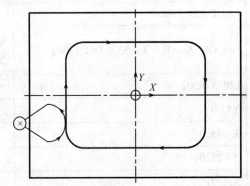

(a) 菱形凸台精加工路线　　　　　　　(b) 80mm×58mm×5mm 凸台精加工路线

图 2-36　精加工刀路

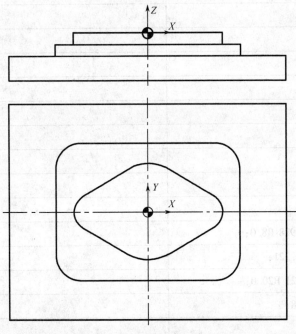

图 2-37　编程坐标系设置

87

1)粗加工程序(侧面单边留余量0.1)

%	
O0001;	程序名
G17 G80 G90 G40 G21;	保护头
G54 G00 X-80.0 Y-33.0;	建立工件坐标系,设定起刀点为 X-80.0 Y-33.0
M03 S1100	
G43 Z100.0 H01;	建立刀具长度正补偿,调用1号刀补,设定Z向安全高度为100
G00 Z5.0;	快速下刀至Z5
G01 Z-5. F100;	
G01 G42 X-60.0 Y-33.0 D01 F330;	建立刀具半径右补偿,调用1号刀补,补偿值设为10.1
G01 X48.0;	
Y33.0;	
X-48.0;	
Y-21.0;	
X36.0;	
Y21.;	
X-36.0;	
Y-9.0;	
X-16.0 Y-21.0;	
X16.0;	
X36.0 Y-9.0;	
Y9.0;	
X16.0 Y21.0;	
X-16.0;	
X-32.0 Y11.4;	
Y0;	
G03 X-28.0 Y-6.928 R8.0;	
G01 X-10.0 Y-17.321;	
G03 X10.0 Y-17.321 R20.0;	
G01 X28.0 Y-6.928;	
G03 Y6.928 R8.0;	

(续)

G01 X10.0 Y17.321;	
G03 X-10.0 R20.0;	
G01 X-28.0 Y6.928;	
G03 X-32.0 Y0 R8.0;	
G01 Y-12.0;	
G01 Z5.0 F500;	
G00 G40 X-80.0 Y-33.0;	
G01 Z-10.0 F100;	粗加工方凸台程序
G01 G42 X-60.0 Y-33.0 D01 F330;	建立刀具半径右补偿,调用1号刀补,补偿值设为10.1
G01 X48.0;	
Y33.0;	
X-48.0;	
Y-29.0;	
X26.0;	
G03 X40.0 Y-15.0 R14.0;	
G01 Y15.0;	
G03 X26.0 Y29.0 R14.0;	
G01 X-26.0;	
G03 X-40.0 Y15.0 R14.0;	
G01 Y-15.0;	
G03 X-26.0 Y-29.0 R14.0;	
G02 X-14.0 Y-41.0 R12.0;	
G01 G40 Y-55.0;	
G01 Z5. F500;	
G00 Z100.0;	
M05;	
M30;	
%	

2) 精加工程序

%	
O0002;	
G17 G80 G90 G40 G21;	

(续)

G54 G00 X-55.0 Y-0;	
M03 S2500	
G43 Z100.0 H02;	
G00 Z5.0;	
G01 Z-5. F100;	
G01 G41 X-42.0 Y-10.0 D02 F500;	建立刀具半径左补偿,调用2号刀补,调整补偿值进行精加工
G03 X-32.0 Y0 R10.0;	
G02 X-28.0 Y6.928 R8.0;	
G01 X-10.0 Y17.321;	
G02 X10.0 R20.0;	
G01 X28.0 Y6.928;	
G02 Y-6.928 R8.0;	
G01 X10.0 Y-17.321;	
G02 X-10.0 R20.0;	
G01 X-28.0 Y-6.928;	
G02 X-32.0 Y0 R8.0;	
G03 X-42.0 Y10.0 R10.0;	
G01 G40 X-55.0 Y-0;	
G00 X-70.0 Y-15.0;(精加工下层圆台)	
G01 Z-10.0 F100;	
G01 G41 X-50.0 Y-25.0 D02 F500;	建立刀具半径左补偿,调用2号刀补,调整补偿值进行精加工
G03 X-40.0 Y-15.0 R10.0;	
G01 Y15.0;	
G02 X-26.0 Y29.0 R14.0;	
G01 X26.0;	
G02 X40.0 Y15.0 R14.0;	
G01 Y-15.0;	
G02 X26.0 Y-29.0 R14.0;	
G01 X-26.0;	
G02 X-40.0 Y-15.0 R14.0;	

(续)

G03 X-50.0 Y-5.0 R10.0;	
G01 G40 X-70.0 Y-15.0;	
G01 Z5.0 F500;	
G00 Z100.0;	
M05;	
M30;	
%	

2.4.3 注意事项与误差分析

在数控铣削加工中,由于刀具、工件材料、机床、夹具等多种情况的影响,会对零件的加工质量产生影响。表2-10列出了铣削加工常见问题产生原因及解决方法。

表2-10 铣削加工常见问题产生原因及解决方法

问题	产生原因	解决方法
前刀面产生月牙洼	刀片与切屑焊住	(1) 用抗磨损刀片、用涂层合金刀片; (2) 降低铣削深度或铣削负荷; (3) 用较大的铣刀前角
刃边粘切屑	变化振动负荷造成增加铣削力与温度	(1) 将刀尖圆弧或倒角处用油石研光; (2) 改变合金牌号增加刀片强度; (3) 减少每齿进给量,铣削硬材料时,降低铣削速度; (4) 使用足够的润滑性能和冷却性能好的切削液
刀齿热裂	高温时迅速变化温度	(1) 改变合金牌号; (2) 降低铣削速度; (3) 适量使用切削液
刀齿刃边缺口或下陷	刀片受拉压交变应力;铣削硬材料刀片氧化	(1) 加大铣刀倒角; (2) 将刀片切削刃用油石研光; (3) 降低每齿进给量
镶齿刀刃破碎或刀片裂开	过高的铣削力	(1) 采用抗振合金牌号刀片; (2) 采用强度较高的负角铣刀; (3) 用较厚的刀片、刀垫; (4) 减小进给量或铣削深度; (5) 检查刀片座是否全部接触
刃口过度磨损或边磨损	磨削作用、机械振动及化学反应	(1) 采用抗磨合金牌号刀片; (2) 降低铣削速度,增加进给量; (3) 进行刃磨或更换刀片
铣刀排屑槽结渣	不正常的切屑、容屑槽太小	(1) 增大容屑空间和排屑槽; (2) 铣削铝合金时,抛光排屑槽

(续)

问题	产生原因	解决方法
铣削中工件产生鳞刺	过高的铣削力及铣削温度	(1)铣削硬度在 34～38HRC 以下软材料及硬材料时增加铣削速度； (2)改变刀具几何角度，增大前角并保持刃口锋利； (3)采用涂层刀片
工件产生冷硬层	铣刀磨钝，铣削厚度太小	(1)刃磨或更换刀片； (2)增加每齿进给量； (3)采用顺铣； (4)用较大隙角和正前角铣刀
表面粗糙度参数值偏大	铣削用量偏大；铣削中产生振动；铣刀跳动；铣刀磨钝	(1)降低每齿进给量； (2)采用宽刃大圆弧修光齿铣刀； (3)检查工作台镶条消除其间隙以及其他运动部件的间隙； (4)检查主轴孔与刀杆配合以及刀杆与铣刀配合，消除其间隙或在刀杆上加装惯性飞轮； (5)检查铣刀刀齿跳动，调整或更换刀片，用油石研磨刃口，降低刃口粗糙度参数值； (6)刃磨与更换可转位刀片的刃口或刀片，保持刃口锋利； (7)铣削侧面时，用有侧隙角的错齿或镶齿三面刃铣刀
平面度超差	铣削中工件变形，铣刀轴心线与工件不垂直工件在加紧中产生变形	(1)减小夹紧力，避免产生变形； (2)检查加紧点是否在工件刚度最好的位置； (3)在工件的适当位置增设可锁紧的辅助支撑，以提高工件刚度； (4)检查定位基面是否有毛刺、杂物是否全部接触； (5)在工件的安装夹紧过程中应遵由中间向两侧或对角顺次加紧的原则避免由于加紧顺序不当而引起的工件变形； (6)减小铣削深度 a_p，降低铣削速度 v，加大进给量 a_f，采用小余量、低速度大进给铣削，尽可能降低铣削时工件的温度变化； (7)精铣前，放松工件后再加紧，以消除粗铣时的工件变形； (8)校准铣刀轴线与工件平面的垂直度，避免产生工件表面铣削时的下凹
垂直度超差	立铣刀铣侧面时直径偏小，或振动、摆动，三面刃铣刀垂直于轴线进给铣侧面时刃杆刚度不足	(1)选用直径较大刚度好的立铣刀； (2)检查铣刀套筒或夹头与主轴的同轴度以及内孔与外圆的同轴度，并消除安装中可能产生的歪斜； (3)减小进给量或提高铣削速度； (4)适当减小三面刃铣刀直径，增大刀杆直径，并降低进给量，以减小刀杆的弯曲变形

(续)

问题	产生原因	解决方法
尺寸超差	立铣刀、键槽铣刀、三面刃铣刀等刀具本身摆动	(1)检查铣刀刃磨后是否符合图样要求;及时更换以磨损的刀具; (2)检查铣刀安装后的摆动是否超过精度要求范围; (3)检查铣刀刀杆是否弯曲;检查铣刀与刀杆套筒接触之间的端面是否平整或与轴线是否垂直,或有杂物毛刺未清除

2.5 项目训练

1. 简述数控铣削加工的特点与其加工场合。
2. 刀具尺寸补偿通常有哪几种?
3. 什么是长度补偿? 阐述长度补偿的作用。
4. 刀具半径补偿的目的是什么? 怎样应用? 写出刀具半径补偿的指令。
5. 零件图如图 2-38 和图 2-39 所示,要求精铣其外形轮廓。刀具选择:φ10mm 立铣刀。安全面高度为 50mm。铣削深度为 5mm。

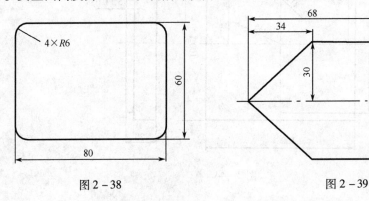

图 2-38   图 2-39

6. 加工如图 2-40~图 2-44 所示零件的外轮廓,采用刀具半径偏置指令进行编程。

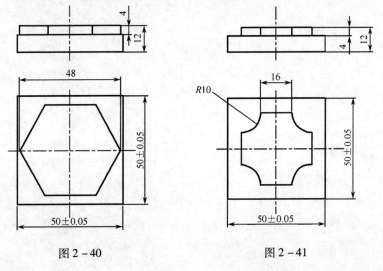

图 2-40   图 2-41

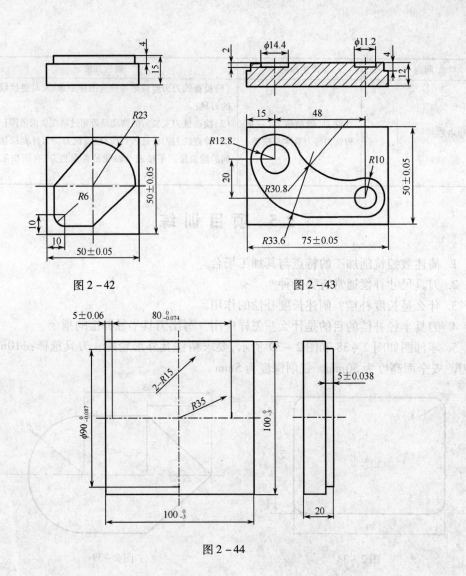

图 2 – 42

图 2 – 43

图 2 – 44

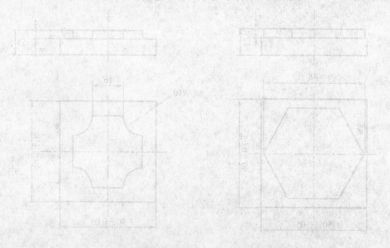

学习情境 3　内轮廓铣削加工

3.1　任务目标

知识点
- 内轮廓零件铣削加工方法
- 子程序的编制及应用
- 数控铣削常用的夹具
- 铣削零件常用的量具

技能点
- 内轮廓零件铣削进刀方式的确定
- 采用子程序方式编写数控铣削加工程序
- 能合理选择数控铣削夹具
- 能正确选择和使用量具完成零件的检测

3.2　任务引入

编写如图 3-1 所示内轮廓零件的加工程序,并在数控铣床上进行加工。毛坯尺寸为 $\phi75 \times 30$,单件生产。

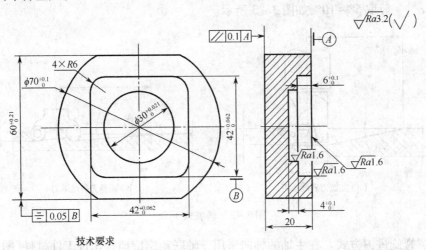

技术要求
1. 锐边倒棱C0.5;
2. 未注尺寸公差IT11(GB/T 1998)

图 3-1　内轮廓铣削加工任务图

3.3 相关知识

3.3.1 内轮廓加工工艺

1. 内轮廓加工方法

内轮廓(型腔)加工是数控铣削中常见的一种加工方法。内轮廓加工需要在边界线确定的一个封闭区域内去除材料,该区域由侧壁和底面围成,其侧壁和底面可以是斜面、凸台、球面以及其他形状,内轮廓内部可以全空或有孤岛。对于形状比较复杂或内部有孤岛的内轮廓则需要使用计算机辅助(CAM)编程。内轮廓加工切屑难排出,散热条件差,故要求良好的冷却,同时,加工工艺也直接影响内轮廓加工质量。内轮廓加工时必须重点考虑深度方向刀具切入方法及水平方向刀路设计。

1) 深度方向刀具切入方法

(1) 垂直切深进刀方式。采用垂直切深进刀时,必须选择切削刃过中心的键槽铣刀进行加工,不能采用平底立铣刀进行加工。另外,由于采用这种进刀方式切削时,刀具中心切削速度为零,因此,选择键槽铣刀进行加工时,应选用较低的切削进给速度。

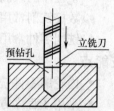

图 3-2 通过预钻孔下刀铣型腔

(2) 在工艺孔中进刀方式。在内轮廓加工中,为保证刀具强度,有时需用平底立铣刀来加工,但由于部分平底立铣刀中心无刃,无法进行 Z 向垂直切削,可选用直径稍小的钻头先加工出工艺孔,再以平底立铣刀进行 Z 向垂直切削,如图 3-2 所示。

(3) 斜坡式进刀方式。刀具以斜线方式切入工件来达到 Z 向进刀的目的,该方式能有效避免分层切削刀具中心处切削速度过低的缺点,改善了刀具的切削条件,提高了切削效率,广泛应用于大尺寸的内轮廓粗加工。斜线走刀角度 α 由刀具直径决定,结合 L_m 和吃刀量 α_p,一般取 $5°\sim 10°$,如图 3-3 所示。

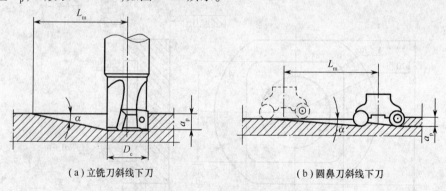

(a) 立铣刀斜线下刀   (b) 圆鼻刀斜线下刀

图 3-3 斜坡式下刀

(4) 螺旋进刀方式。在主轴的轴向采用三轴联动螺旋插补切进工件材料(图 3-4),以螺旋下刀方式铣削型腔时,可使切削过程稳定,能有效避免轴向垂直受力所造成的振动。采用螺旋下刀方式粗铣型腔,其螺旋角通常控制在 $1.5°\sim 3°$,同时螺旋半径 R 值(指刀心轨迹)也需要根据刀具结构及相关尺寸确定,常取 $R \geq D_n$。

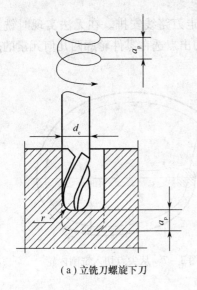 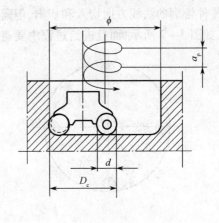

(a)立铣刀螺旋下刀　　　　　　　(b)圆鼻刀螺线下刀

图 3-4　螺旋下刀

2) 水平方向刀路设计

(1) 粗加工刀路设计。型腔的加工分粗、精加工,先用粗加工从内切除大部分材料,粗加工不可能都在顺铣模式下完成,也不可能保证所有地方留作精加工的余量完全均匀。所以在精加工之前通常要进行半精加工。这种情况下可能使用一把或多把刀具。

常见的型腔粗加工路线有:如图 3-5(a)所示为 Z 字形行切;图 3-5(b) 为环绕切削;如把 Z 字形运动和环绕切削结合起来用一把刀进行粗加工和半精加工是一个很好的方法,因为它集中了两者的优点,如图 3-5(c)所示。

 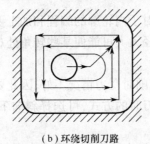 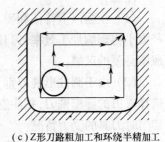

(a) Z形刀路　　　　　　(b) 环绕切削刀路　　　　(c) Z形刀路粗加工和环绕半精加工

图 3-5　粗加工方法刀路

(2) 精加工刀路设计。内轮廓精加工时,切入、切出方法选择采用立铣刀侧刃铣削轮廓类零件时,为减少接刀痕迹,保证零件表面质量,铣刀的切入和切出点应选在零件轮廓曲线的延长线上,而不应沿法向直接切入零件,以避免加工表面产生刀痕,保证零件轮廓光滑。

铣削内轮廓表面时,如果切入和切出无法外延,切入与切出应尽量采用圆弧过渡,以铣削一个整内圆轮廓为例,如图 3-6 所示。选择 A 点为下刀起始点,C 点为切入点,同时 C 点也为切出点。为保证零件轮廓的光滑,采用圆弧方式切入切出(BC 段和 CG 段);在进行轮廓加工之前要建立刀具半径补偿(假使建立刀具左补偿),则应在 BC 段之前加上刀补,故 AB 段为建立刀补段;加工完 $C \rightarrow D \rightarrow E \rightarrow F \rightarrow C$ 轮廓后,刀具沿 CG 圆弧切出,然后在直线段 GA 撤销刀具半径补偿,完成整个轮廓的走刀路线安排。在无法实现时铣刀可沿零件轮廓的法线方向切入和切出,但需将切入、切出点选在零件轮廓两几何元素的交点处,如图 3-7 所示,而且进给过程中要避免停顿。

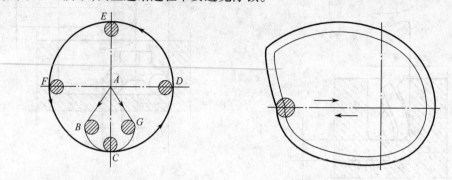

图 3-6　铣削内圆加工路径　　　　　图 3-7　从尖点切入铣削内轮

2. 型腔铣削刀具的选择

适合型腔铣削的刀具有平底立铣刀、键槽铣刀、型腔的斜面区域用 R 刀或球头刀加工。精铣型腔时,其刀具半径一定小于型腔零件最小曲率半径,刀具半径一般取内轮廓最小曲率半径的 0.8~0.9 倍,粗加工时,在不干涉内轮廓的前提下,尽量选取直径较大的刀具,直径大的刀具比直径小的刀具抗弯强度大,加工部容易引起受力弯曲与振动。

在刀具切削刃(螺旋槽长度)满足最大深度的前提下,尽量缩短刀具伸出的长度,立铣刀的长度越长,抗弯强度减小,受力弯曲程度大,会影响加工质量,并容易产生振动,加速切削刃的磨损。

注意:

(1) 根据以上特征和要求,对于内轮廓的编程和加工要选择合适的刀具直径,刀具直径太小将影响加工效率,刀具直径太大可能使某些转角处难于切削,或由于岛屿的存在形成不必要的区域。

(2) 由于圆柱形铣刀垂直切削时受力情况不好,因此要选择合适的刀具类型,一般可选择双刃的键槽铣刀,并注意下刀时的方式,可选择斜向下刀或螺旋形下刀,以改善下刀切削时刀具的受力情况。

(3) 当刀具在一个连续的轮廓上切削时使用一次刀具半径补偿,刀具在另一个连续的轮廓上切削时应重新使用一次刀具半径补偿,以避免过切或留下多余的凸台。

3. 内轮廓加工工艺分析举例

下面以图 3-8 所示矩形内轮廓为例进行讨论。

1) 刀具选择

零件图中矩形内轮廓的四个角都有圆角,圆角的半径限定刀具的半径选择,圆角的半径大于或等于所用精加工刀具的半径。本例中圆角为 R4mm,使用 φ8mm 键槽铣刀(中心切削立铣刀)进行粗加工。精加工用刀具半径应略小于圆角半径,选用 φ6mm 的立铣刀比较合理。

2) 切入方法及切入点和粗加工路线

由于必须切除封闭区域内的所有材料(包括底部),所以需要考虑刀具切入至所需深

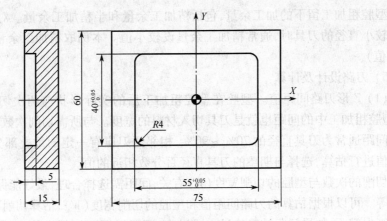

图3-8 矩形型腔零件图

度的切入点位置。斜向切入必须在空隙位置进行,而垂直切入可以选择在任何可切入区域。一般而言,切入点选择在型腔中心或型腔拐角圆心。本例中选择型腔拐角圆心作为切入点。

粗加工时,刀具运动采用Z形行切路线,在同一层切削加工中,第一次切削使用顺铣模式,而另一次切削则使用逆铣,接着再环绕一周进行半精加工。

3) 工件零点

工件轮廓 X、Y 向对称,程序中选用型腔中心作为 X、Y 向的工件零点,工件上表面为 Z 向零点。

4) 加工方法及余量分析

如前所述,粗加工使刀具沿Z字形路线走刀。在封闭区域内来回运动是一种高效的粗加工方法,Z字形路线粗加工通常选择型腔的拐角圆心为切入点。

粗加工刀具沿Z字形路线来回运动在加工表面上留下扇形残留量,那些凸起的点是随后加工的最大障碍,这种Z字形刀具路径加工的表面不适合用作精加工,因为切削余量不均匀,很难保证公差和表面质量。为了避免后面可能出现的加工问题,需要进行半精加工,其目的是消除扇形残留量。如图3-9所示从粗加工最后的位置接着开始半精加工,刀具路径环绕一周,得到均匀的精加工余量。

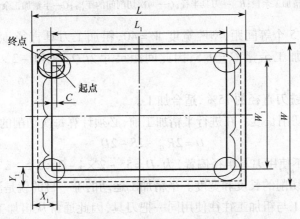

图3-9 半精加工刀路

型腔粗加工留下的加工余量,包括精加工余量和半精加工余量。对于高硬度材料或使用较小直径的刀具时,通常精加工余量设较小值。本例取精加工余量为0.5mm(图中的C值)。

5) 刀路设计及计算

(1) Z形刀路间距值。型腔在型腔粗加工后的实际形状与两次切削之间的间距有关,型腔粗加工中的间距也就是刀具切入材料的宽度。与所需切削次数和刀具直径有关,刀路间距通常为刀具直径的70%~90%,相邻两刀应有一定的重叠部分,最好先对刀路间距值进行估算,选择与期望的刀具直径百分数相近的值。

切削的次数与型腔的切削宽度(W)有关,间距需选择合理,最好能保证每次切削的间距相等。可以根据估算的刀路间距值和型腔的切削宽度(W),估算切削次数,然后再精确地计算出间距,如果间距计算值过大或过小,还可以调整切削次数N重新计算精确的间距值。计算公式如下:

$$Q \times N = (2R_{刀} - 2S - 2C)$$

其中:N为切削次数;Q为Z形刀路间距;其他各字母含义如图3-10所示。

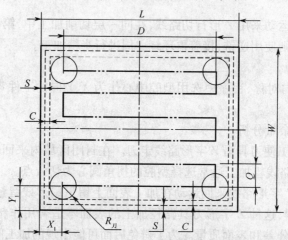

图3-10 拐角处型腔粗加工起点—Z字形方法

X—刀具起点X坐标;L—型腔长度;D—实际切削长度;Y—刀具起点Y坐标;W—型腔宽度;
S—精加工余量;$R_{刀}$—刀具半径;Q—两次切削间的距离;C—半精加工余量。

本例假设需要5个等间距,型腔宽度$W=40$,粗加工刀具直径$\phi8$,$R_{刀}$为4,精加工余量$S=0.5$,半精加工余量$C=0.5$,因此间距尺寸为$Q=(40-2\times4-2\times0.5-2\times0.5)/5=6mm$。

该尺寸为所选铣刀直径的75%,适合加工。

(2) Z形刀路切削长度。在进行半精加工前,必须计算每次切削的长度,即增量D。

$$D = 2R_{刀} - 2S - 2D$$

本例中D值(不使用刀具半径偏置)为:$D=55-2\times4-2\times0.5-2\times0.5=45mm$。

(3) 半精加工切削的长度和宽度。半精加工运动的唯一目的就是消除不平均的加工余量。由于半精加工与粗加工往往使用同一把刀具,因此通常从粗加工的最后刀具位置开始进行半精加工,本例中即型腔的左上角。图3-10所示为半精加工起点和终点之间的运动。

半精加工切削的长度 L_1 和宽度 W_1 值(即实际切削距离)可通过下面公式计算:

$$L_1 = L - 2 \times R_刀 - 2S$$

本例中: $L_1 = 55 - 2 \times 4 - 2 \times 0.5 = 46mm$;

$W_1 = 40 - 2 \times 4 - 2 \times 0.5 = 31mm$。

(4) 精加工刀具路径。粗加工和半精加工完成后,可以使用另一把刀具($\phi 6mm$)进行精加工并得到最终尺寸;编程时必须使用刀具半径补偿保证尺寸公差,并使用适当的主轴转速和进给率保证所需的表面质量。选择轮廓中心点作为加工起点。精加工切削中应添加直线导入和导出建立刀具半径补偿,圆弧切入、切出轮廓。图 3-11 所示为矩形型腔典型精加工刀具路线(型腔中心为起刀点)。

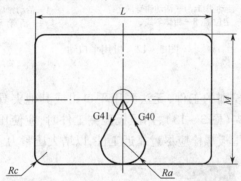

图 3-11 矩形型腔典型精加工刀具路线

本例中矩形型腔宽度相对刀具直径较大,采用以下方法计算:

$$Ra = W \div 4 = 40 \div 4 = 10mm$$

(5) 矩形型腔编程。完成以上工艺分析和计算后,便可对型腔进行编程。程序选用 $\phi 8mm$ 的键槽铣刀作为粗加工刀具(能进行垂向切削),$\phi 6mm$ 立铣刀进行精加工。

3.3.2 数控铣床夹具

在数控铣床上常用的夹具类型有通用夹具、组合夹具、专用夹具、成组夹具等,在选择时需要考虑产品的质量保证、生产批量、生产效率及经济性。

1. 通用铣削夹具

这类夹具已实现了标准化。其特点是通用性强、结构简单,装夹工件时无需调整或稍加调整即可,主要用于单件小批量生产。通用铣削夹具有平口钳、通用螺钉压板、回转工作台和三爪卡盘等。

1) 机用平口钳(又称虎钳)

平口钳属于通用可调夹具,同时也可以作为组合夹具的一部分,适用于尺寸较小的方形工件的装夹。由于其具有通用性强、夹紧快速、操作简单、定位精度较高等特点,因此被广泛应用。

数控铣削加工中一般使用精密平口钳(定位精度在 0.01~0.02mm)或工具平口钳(定位精度在 0.001~0.005mm)。当加工精度要求不高或采用较小夹紧力即可满足要求的零件时,常用机械式平口钳,靠丝杠螺母相对运动来夹紧工件(图3-12(a));当加工精度要求较高,需要较大的夹紧力时,可采用较高精度的液压式平口钳(图3-12(b))。

平口钳安装时应根据加工精度要求,控制钳口与 X 或 Y 轴的平行度,零件夹紧时要注意控制工件变形及上翘现象。

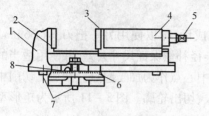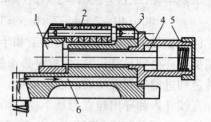

(a)机械式平口钳
1—钳体;2—固定钳口;3—活动钳口;4—活动钳身;
5—丝杠方头;6—底座;7—定位键;8—钳体零线。

(b)液压式平口钳
1—活动钳口;2—心轴;3—钳口;
4—活塞;5—弹簧;6—油路。

图3-12 机用平口钳

2)螺钉压板

对于较大或四周不规则的工件,无法采用平口钳或其他夹具装夹时,可直接利用T形槽螺栓和压板进行装夹(图3-13),用压板装夹工件时,应使压板、垫铁的高度略高于工件,以保证夹紧效果;压板螺栓应尽量靠近工件,以增大压紧力。

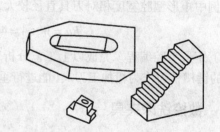

图3-13 压板、垫铁与T形螺母

3)铣床用卡盘

当需要在数控铣床上加工回转体零件时,可以采用三爪卡盘装夹,对于非回转零件可采用四爪卡盘装夹,如图3-14所示。在使用时,用T形槽螺栓将卡盘固定在机床工作台上即可。

4)回转工作台

数控机床中常用的回转工作台有分度工作台和数控回转工作台。

(1)分度工作台。分度工作台只能完成分度运动,不能实现圆周进给,它是按照数控系统的指令,在需要分度时将工作台连同工件回转一定的角度。分度时也可以采用手动分度。分度工作台一般只能回转规定的角度(如90°、60°和45°等)。许多机械零件,如花键、离合器、齿轮等在加工中心上加工时,常采用分度工作台分度的方法来等分每一个齿

(a)三爪卡盘　　　　　　　　（b)四爪卡盘

图 3-14　铣床用卡盘

槽,从而加工出合格的零件。

（2）数控回转工作台。数控回转工作台的主要作用是根据数控装置发出的指令脉冲信号,完成圆周进给运动,进行各种圆弧加工或曲面加工,也可以进行分度工作。数控回转工作台可以使数控铣床增加一个或两个回转坐标,通过数控系统实现四坐标或五坐标联动,可有效地扩大工艺范围,加工更为复杂的工件。数控卧式铣床一般采用方形回转工作台,实现 A、B 或 C 坐标运动,如图 3-15 所示。

图 3-15　数控回转工作台

5）电永磁夹具

电永磁夹具（图 3-16）是以钕铁硼等新型永磁材料为磁力源,运用现代磁路原理而设计出来的一种新型夹具。大量的机加工实践表明,电永磁夹具可以大幅度提高数控机床、加工中心的综合加工效能。

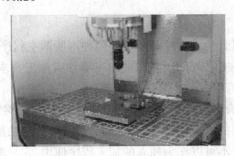

图 3-16　电永磁夹具

电永磁夹具的夹紧与松开过程只需 1s 左右,因此大幅度缩短了装夹时间。常规机床夹具的定位元件和夹紧元件专用空间较大,而电永磁夹具没有这些占用空间的元件,因此与常规机床夹具相比,电永磁夹具的装夹范围更大,这有利于充分利用数控机床的工作台和工作行程,有利于提高数控机床的综合加工效能,电永磁夹具的吸力一

般在 $15\sim18\text{kgf/cm}^2$。因此一定要保证吸力(夹紧力)足够抵抗切削力,一般情况下,吸附面积不小于 30cm^2,即夹紧力不小于 456kgf。

2. 专用夹具

专用夹具是专为某个零件的某道工序设计的。其特点是结构紧凑、操作迅速方便。但这类夹具设计和制造的工作量大、周期长、投资大,只有在大批量生产中才能充分发挥它的经济效益。

3. 组合夹具

组合夹具是由一套预先制造好的标准元件组装而成的专用夹具。它具有专用夹具的优点,用完后可拆卸存放,从而缩短了生产准备周期,减少了加工成本。因此,组合夹具既适用于单件及中、小批量生产,又适用于大批量生产。图3-17为德国BIUCO公司的孔系组合夹具组装示意图。

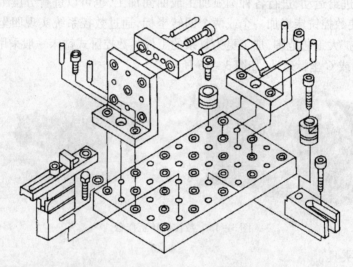

图3-17 孔系组合夹具组装示意图

3.3.3 子程序的应用

1. 子程序的定义

机床的加工程序可以分为主程序和子程序两种。所谓主程序是一个完整的零件加工程序,或是零件加工程序的主体部分,它和被加工零件或加工要求一一对应,不同的零件或不同的加工要求,都只有唯一的主程序。

在编制加工程序时,有时会遇到一组程序段在一个程序中多次出现,或者在几个程序中都要使用它。这个典型的加工程序可以做成固定程序,并单独加以命名,这组程序段就称为子程序。子程序通常不可以作为独立的加工程序使用,它只能通过调用,实现加工中的局部动作。子程序执行结束后,能自动返回到调用的主程序中。

2. 子程序格式

在大部分数控系统中,子程序和主程序的格式并无本质的区别。子程序和主程序在程序号及程序内容方面基本相同,但结束标记不同;主程序用M02或M30指令表示程序结束,而子程序则用M99指令表示程序结束,并实现自动返回主程序功能。

如下所示：
O0100;
……
N10 G91 G01 Z-2.0 F100;
……
N80 G91 G28 Z0;
N90 M99;

对于子程序结束指令 M99，可单独书写一行，也可与其他指令同行书写，上述程序中的 N80 与 N90 程序段可写为"G91 G28 Z0 M99;"。

3. 子程序的调用

在 FANUC 系统中，子程序的调用可通过辅助功能代码 M98 指令进行，且在调用格式中将子程序的程序号地址改为 P，常用的子程序放入格式有两种。

1) M98 P×××××××;

其中，P 后面的前 3 位为重复调用次数，省略时为调用一次；后 4 位为子程序号。采用这种调用格式时，调用次数前的 0 可以省略不写，但子程序号前的 0 不可省略。例如：M98 P50010 表示调用子程序"O0010"5 次，而 M98 P0510 则表示调用子程序"O510"1 次。

2) M98 P×××× L×××;

其中，P 后面的 4 位为子程序号；L 后面的 3 位为重复调用次数，省略时为调用一次。子程序的执行过程可表示为：

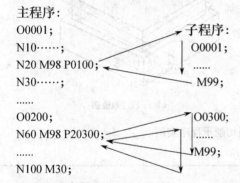

主程序：
O0001;
N10……;
N20 M98 P0100;
N30……;
......
O0200;
N60 M98 P20300;
......
N100 M30;

子程序：
O0001;
......
M99;

O0300;
......
M99;

4. 子程序的嵌套

为了进一步简化程序，可以让子程序调用另一个子程序，这一功能称为子程序的嵌套。当主程序调用子程序时，该子程序被认为是一级子程序。系统不同，其子程序的嵌套级数也不相同，FANUC 系统可实现子程序 4 级嵌套，如图 3-18 所示。

5. 子程序调用的特殊用法

（1）子程序返回到主程序某一程序段。如果在子程序返回程序段中加上 Pn，则子程序在返回主程序时将返回到主程序中顺序号为"n"的那个程序段。其程序格式如下：

M99 Pn;

例：M99 P100;　　（返回到 N100 程序段）

（2）自动返回到程序头。如果在主程序中执行 M99 指令，则程序将返回到主程序的开头并继续执行程序；也可以在主程序中插入"M99 Pn;"用于返回到指定的程序段；为了能够执行后面的程序，通常在该指令前加"/"，以便在不需要返回执行时，跳过该程序段。

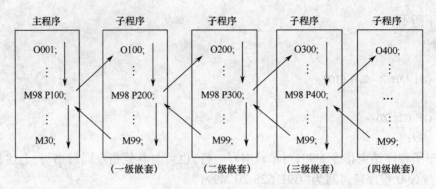

图 3-18 程序嵌套

(3) 强制改变子程序重复执行的次数。用"M99 L××;"指令可强制改变子程序重复执行的次数,其中,L××表示子程序调用的次数。

6. 子程序的应用

1) 实现零件的分层切削

当零件在某个方向上的总切削深度比较大时,可通过调用该子程序采用分层切削的方式来编写该轮廓的加工程序,如图 3-19 所示。

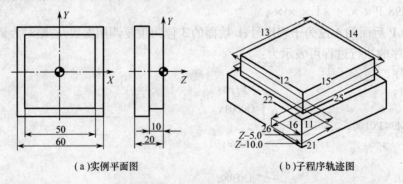

(a) 实例平面图　　　　(b) 子程序轨迹图

图 3-19　Z 向分层切削子程序实例

其加工程序如下:

O0001;	主程序
G90 G94 G40 G21 G17	
G54 G00 X-40.0 Y-40.0	XY 平面快速点定位
M03 S1000;	
G43 Z100 H01;	建立刀具长度正补偿,刀具抬至工件上表面 100 的距离
Z20	
G01 Z0.0 F50;	刀具下降到子程序 Z 向起始点
M98 P21000	调用子程序 2 次
G00 Z50.0;	
M30;	

(续)

O1000;	子程序
G91 G01 Z-5.0;	刀具从 Z0 或 Z-5.0 位置增量向下移动 5mm
G90 G41 G01 X-25.0 D01 F100;	建立左刀补,并从轮廓切线方向切入,如图 3-25(b)所示轨迹 11 或 21
Y25.0;	轨迹 12 或 22
X25.0;	轨迹 13 或 23
Y-25.0	轨迹 14 或 24
X-40.0;	沿切线切出,轨迹 15 或 25
G40 Y-40.0;	取消刀补,轨迹 16 或 26
M99;	子程序结束,返回主程序

2) 同平面内多个相同轮廓工件的加工

在数控编程时,只编写其中一个轮廓的加工程序,然后用主程序调用。

[例 3-1] 加工如图 3-20 所示外形轮廓的零件,三角形凸台高为 5mm,试编写该外形轮廓的数控铣削精加工程序。

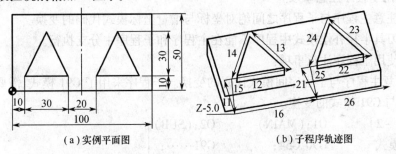

(a)实例平面图　　　　　　　　(b)子程序轨迹图

图 3-20　同平面多轮廓子程序加工实例

其精加工程序如下:

O0001;	主程序
G90 G94 G40 G21 G17	程序保护头
G54 G00 X0 Y-10.0	XY 平面快速点定位
Z20.0;	刀具下降到子程序 Z 向起始点
M03 S1000;	
G43 Z100 H01;	建立刀具长度正补偿,刀具抬至工件上表面 100 的距离
G01 Z-5.0 F50;	刀具 Z 向下降至凸台底平面
M98 P21234;	调用子程序 2 次
G90 G00 Z50.0;	抬刀至安全平面
M30;	程序结束

子程序如下：

O1234;	子程序
G91 G42 G01 Y20.0 D01 F100;	建立右刀补，并从轮廓切线方向切入，如图3-26所示轨迹11或21
X40.0	轨迹12或22
X-15.0 Y30.0;	轨迹13或23
X-15.0 Y-30.0;	轨迹14或24
G40 X-10.0 Y-20.0;	取消刀补，轨迹15或25
X50.0;	刀具移动到子程序第二次循环的起始点，如图3-26(b)所示轨迹16或轨迹26
M99;	子程序结束，返回主程序

（3）实现程序的优化

加工中心的程序往往包含有许多独立的工序，编程时，把每一个独立的工序编成一个子程序，主程序只有换刀和调用子程序的命令，从而实现优化程序的目的。

7. 使用子程序注意事项

（1）注意主程序与子程序之间绝对坐标与增量坐标模式代码的变换。

（2）刀具半径补偿模式中程序不能在主程序和子程序中分支执行。

（3）使用子程序注意事项：

① 注意主程序与子程序间模式代码的变换。子程序采用了G91模式，需要注意及时进行G90与G91模式的变换。

[例3-2]　　O1;(MAIN)　　O2;(SUB)
G90模式　　G90 G54;　　　G91……;　　⎫
G91模式　　M98 P2;　　　　……;　　　⎬ G91模式
　　　　　　……;　　　　　M99;　　　⎭
G90模式　　G90……;
　　　　　　M30;

② 在半径补偿模式中的程序不能被分支在例3-3中，刀具半径补偿模式在主程序及子程序中被分支执行，当采用这种形式编程加i时，系统将出现程序出错报警。正确的程序书写格式见例3-4。

[例3-3] O1;(主程序)　　　　　　　O2;(子程序)
　　　　　G91……;　　　　　　　　……;
　　　　　G41……;　　　　　　　　M99;
　　　　　M98 P2;
　　　　　G40……;
　　　　　M30;

[例3-4] O1;(主程序)　　　　　　　O2;(子程序)
　　　　　G90……;　　　　　　　　G41……;

……; ……;
M98 P2; G40……;
M30; M99;

3.3.4 量具的选择

1. 常用量具的分类

根据量具的种类和特点,量具可分为三种类型。

1) 万能量具

这类量具一般都有刻度,在测量范围内可以测量零件的形状和尺寸的具体数值,如游标卡尺、千分尺、百分表和万能角度尺等。

2) 专用量具

这类量具不能测出实际尺寸,只能测定零件形状和尺寸是否合格,如卡规、塞规、塞尺等。

3) 标准量具

这类量具只能制成某一固定尺寸,通常用来校对和调整其他量具,也可作为标准与被测零件进行比较,如量块。

2. 外形轮廓尺寸精度的测量

外形轮廓测量常用量具如图 3-21 所示,游标卡尺和千分尺主要用于尺寸精度的测量,而万能角度尺和90°角尺用于角度的测量。

(1) 用游标卡尺测量工件时,对工人的手感要求较高,测量时游标卡尺夹持工件的松紧程度对测量结果影响较大。因此,实际测量时的测量精度不是很高。主要用于总长、总宽、总高等未注公差尺寸的测量。

(2) 千分尺的测量精度通常为 0.01mm,测量灵敏度要比游标卡尺高,而且测量时也易控制其夹持工件的松紧程度。因此,千分尺主要用于较高精度的轮廓尺寸的测量。

(3) 万能角度尺和90°角尺。该量具主要用于各种角度和垂直度的测量,测量采用透光检查法进行。

(4) 深度游标卡尺。用于测量凹槽或孔的深度、梯形工件的梯层高度、长度等尺寸,平常被简称为"深度尺"。

(5) 高度游标卡尺。是用于测量物件高度的卡尺,简称高度尺。

3. 孔径的测量

1) 孔径的测量

孔径尺寸精度要求较低时,可采用直尺、内卡钳或游标卡尺进行测量。当孔的精度要求较高时,可以用以下几种测量方法。

(1) 内卡钳测量。当孔口试切削或位置狭小时,使用内卡钳显得方便灵活。当前使用的内卡钳已采用量表或数显方式来显示测量数据,如图 3-22 所示。采用这种内卡钳可以测出 IT7~IT8 级精度。

(2) 塞规测量。塞规如图 3-23 所示,是一种专用量具,一端为通端,另一端为止端。使用塞规检测孔径时,当通端能进入孔内,而止端不能进入孔内时,说明孔径合格,否则为不合格孔径。

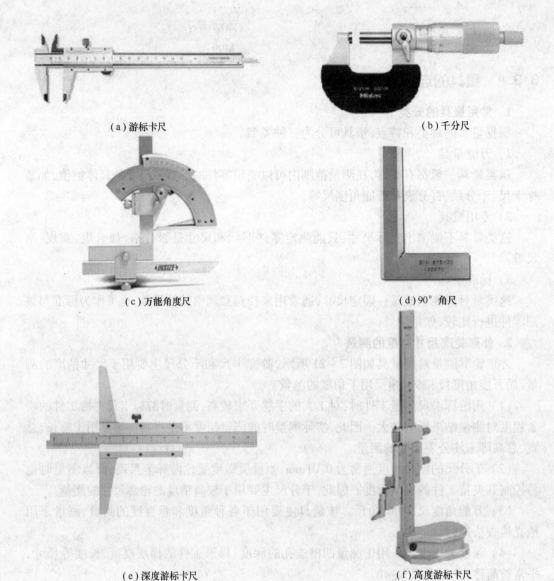

图 3-21　外形轮廓测量常用量具

图 3-22　数显内卡钳

图 3-23　塞规

(3) 内径百分表测量。内径百分表如图 3-24 所示,测量内孔时,图中左端触头在孔内摆动,读出直径方向的最大读数即为内孔尺寸。内径百分表适用于深度较大的内孔测量。

(4) 内径千分尺测量。内径千分尺如图 3-25 所示,其测量方法和千分尺的测量方法相同,但其刻线方向和千分尺相反,测量时的旋转方向也相反。内径千分尺不适合深度较大孔的测量。

图 3-24 内径百分表

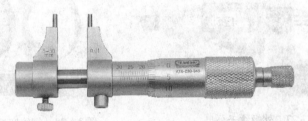

图 3-25 内径千分尺

(5) 三爪式内径千分尺测量。三爪式内径千分尺如图 3-26 所示,利用螺旋副原理,通过旋转塔形阿基米德螺旋体或移动锥体使三个测量爪作径向位移,使其与被测内孔接触,对内孔尺寸进行读数。其特点是测量精度高,示值稳定,使用简捷。

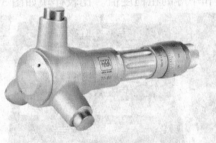

图 3-26 三点式内径千分尺

2) 孔距测量

测量孔距时,通常采用游标卡尺测量。精度较高的孔距也可采用内径千分尺和千分尺配合圆柱测量芯棒进行测量。

3) 孔的其他精度测量

除了要进行孔径和孔距测量外,有时还要进行圆度、圆柱度等形状精度的测量以及径向圆跳动、端面圆跳动、端面与孔轴线的垂直度等位置精度的测量。

4. 螺纹测量

螺纹的主要测量参数有螺距、大径、小径和中径尺寸。

1) 大、小径的测量

外螺纹大径和内螺纹小径的公差一般较大,可用游标卡尺或千分尺测量。

2) 螺距的测量

螺距一般可用钢直尺或螺距规测量。由于普通螺纹的螺距一般较小,所以采用钢直尺测量时,最好测量 10 个螺距的长度,然后除以 10,就得出一个较正确的螺距尺寸。

3) 中径的测量

对精度较高的普通螺纹,可用外螺纹千分尺直接测量,如图 3 – 27 所示,所测得的千分尺的读数就是该螺纹中径的实际尺寸;也可用"三针"进行间接测量(三针测量法仅适用于外螺纹的测量),但需通过计算后,才能得到中径尺寸。

4) 综合测量

综合测量是指用螺纹塞规或螺纹环规(图 3 – 28)综合检查内、外普通螺纹是否合格。使用螺纹塞规和螺纹环规时,应按其对应的公差等级进行选择。

图 3 – 27 外螺纹千分尺

图 3 – 28 螺纹塞规与螺纹环规

5. 表面粗糙度测量

表面粗糙度的测量方法主要有比较法、光切法、光波干涉法等。比较法是车间常用的方法,把被测零件的表面与粗糙度样板进行比较,从而确定零件表面粗糙度,比较法多凭肉眼观察,用于评定低的和中等的粗糙度值。比较样块如图 3 – 29 所示。

图 3 – 29 比较样块

3.4 任务实施

3.4.1 工艺分析

1. 零件图工艺分析

1) 加工内容及技术要求

该零件属于平面型腔类零件,主要由外轮廓及内轮廓组成,所有表面都需要加工。零

件毛坯为 $\phi75mm \times 30mm$,材料 45 钢,切削加工性能较好,无热处理要求。

圆柱型腔的尺寸公差为 0.021,四方型腔的尺寸公差为 0.062,外轮廓尺寸和深度方向尺寸公差为 0.1,零件上表面与内轮廓表面粗糙度要求为 $Ra1.6$,外轮廓表面粗糙度为 $Ra3.2$,零件下表面相对于上表面平行度公差为 0.1。外轮廓两端对称度要求为 0.05。

2)加工方法

平面与内外轮廓表面粗糙度要求为 $Ra1.6$ 以下,可在数控铣床上采用粗铣→精铣的加工方法。

2. 确定数控机床和数控系统

根据零件的结构及精度要求并结合现有的要求,选用配备 FANUC –0i 系统的 KV650 数控铣床,KV650 数控铣床的技术参数见表 1 – 1。

3. 装夹方案的确定

根据对零件图的分析可知,该零件所有表面都需要加工,显然不能一次装夹完成,经分析可知,至少需要两次装夹。由零件的毛坯和外形可知选用三爪卡盘装夹比较方便。

装夹一:夹工件下半部分高 7~8mm,粗精铣上表面、外轮廓、内轮廓,并粗精铣加工分开;装夹示意图如图 3 – 30 所示。

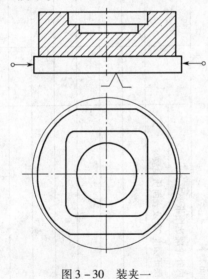

图 3 – 30　装夹一

装夹二:掉头装夹 $\phi70$ 的外圆,铣削下底面多余材料,保证总高度 20;装夹示意图如图 3 – 31 所示。

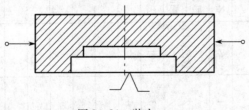

图 3 – 31　装夹二

4. 工艺过程卡片制定

根据以上分析,确定机械加工工艺过程见表 3 – 1。

表 3-1 加工工艺过程卡

(工厂)		机械工艺过程卡		产品型号		零件图号			共 1 页	第 1 页
				产品名称		零件名称				
材料牌号	45#	毛坯种类	型材	毛坯外型尺寸	φ75mm×30mm	每毛坯可制件数	1	每台件数		备注
工序号	工序名称	工序内容				车间	工段	设备	工艺装备	工时/min
										准终 | 单件
1	备料	备 φ75mm×30mm 棒料						锯床	三爪卡盘	
2	数控铣削	粗、精上表面及内外轮廓达图纸要求						数控铣床	三爪卡盘	
		翻面,铣削表面保证深度20及表面质量要求						数控铣床	三爪卡盘	
3	钳工	去毛刺								
4	检验									
描图										
描校										
底图号										
装订号										
							设计(日期)	审核(日期)	标准化(日期)	会签(日期)
标记	处数	更改文件号	签字	日期	标记	处数	更改文件号	签字	日期	

以下内容只分析数控铣削加工部分。

5. 加工顺序的确定

在安排加工顺序时遵循"基面先行、先面后孔、先粗后精"的一般工艺原则。

第一次装夹：利用圆柱毛坯表面进行定位，采用铣床三爪自定心卡盘夹紧，按照自上而下，先外圆后内孔的方法首先粗、精铣表面及 $\phi 70$ 的腰形轮廓，深度大于 20，其次粗铣倒圆角的四方型腔及 $\phi 30$ 的内孔型腔，再精铣倒圆角的四方型腔及 $\phi 30$ 的内孔型腔，保证切削深度及表面质量要求。

第二次装夹：掉头采用三爪自定心卡盘装夹 $\phi 70$ 的外圆，粗、精铣削上表面保证深度 20 及表面质量要求。

6. 刀具、量具的确定

（1）对于粗加工，铣外轮廓时可以尽可能地选择直径大一些的刀具，这样可以提高效率。

（2）对于精加工，铣内轮廓时要注意内轮廓的内圆弧的大小，刀具的半径要小于或等于内圆弧的半径。

在本图中，零件表面尺寸不大，所以表面、外轮廓及内轮廓采用立铣刀加工，粗加工用 $\phi 16$ 硬质合金平底立铣刀；精加工时用 $\phi 10$ 硬质合金平底立铣刀。

刀具卡片如表 3-2 所示。

表 3-2 数控加工刀具卡片

产品名称或代号		零件名称		零件图号		
工步号	刀具号	刀具名称	刀具		刀具材料	备 注
			直径/mm	长度/mm		
1	T01	平底立铣刀	$\phi 16$		硬质合金	
2	T02	平底立铣刀	$\phi 10$		硬质合金	
3	T01	平底立铣刀	$\phi 16$		硬质合金	
编制		审核		批准	共 1 页	第 1 页

根据该零件尺寸公差，外轮廓都采用游标卡尺测量，内轮廓都采用内径千分尺测量，量具卡片如表 3-3 所示。

表 3-3 量具卡片

产品名称或代号		零件名称		零件图号	
序号	量具名称		量具规格	精度	数量
1	游标卡尺		0~150mm	0.02mm	1 把
2	内径千分尺		25~50mm	0.01mm	1 把
编制		审核		批准	共 页 第 页

7. 拟订数控铣削加工工序卡片

根据以上分析，制定工序卡片如表 3-4 所示。

表3-4 工序卡片

(工厂)		数控加工工序卡		产品型号		零件图号			共 2 页	第 1 页
				产品名称		零件名称				
				车间		工序号	2	工序名称	数控铣削	材料牌号 45钢
				毛坯种类 棒料		毛坯外形尺寸 $\phi75 \times 30$		每毛坯可制件数 1	每台件数	同时加工件数
				设备名称 数控铣床		设备型号 KV650		设备编号	夹具名称 三爪卡盘	切削液
						夹具编号		工位器具编号	工位器具名称	工序工时
									准终	单件
工步号	工步名称		工艺装备		主轴转速 /(r/min)	切削速度 /(m/min)	进给量 /(mm/min)	背吃刀量 /mm	进给次数	备注
1	铣削平面达表面质量要求,$\phi70$的腰形轮廓至$\phi71$,深度22;42×42四方型腔至42.5×42.5;$\phi30$的内孔型腔至$\phi31$		三爪卡盘		1200	60	200	2		
2	精铣$\phi70$的内凹腰形轮廓至尺寸要求,精铣四方型腔及$\phi30$的圆型腔至尺寸要求并保证表面质量		三爪卡盘		1500	70	150	4		
					设计 (日期)	审核 (日期)	标准化 (日期)		会签 (日期)	
标记	处数	更改文件号	签字	日期	标记	处数	更改文件号	签字	日期	

（续）

（工厂）	数控加工工序卡		产品型号		零件图号			共 2 页	第 1 页
			产品名称		零件名称				
		车间	工序号	工序名称		材料牌号			
		毛坯种类	毛坯外形尺寸	每毛坯可制件数		每台件数			
		棒料	φ75×30	1					
		设备名称	设备型号	设备编号		同时加工件数			
		数控铣床	KV650						
				夹具编号	夹具名称		切削液		
					三爪卡盘				
				工位器具编号	工位器具名称		工序工时		
							准终	单件	

工步号	工步名称	工艺装备	主轴转速 /(r/min)	切削速度 /(m/min)	进给量 /(mm/min)	背吃刀量 /mm	进给次数	工时	
								机动	单件
3	铣削上表面保证深度20及表面质量要求	三爪卡盘	1500	70	200				
						设计 （日期）	审核 （日期）	标准化 （日期）	会签 （日期）
标记	处数	更改文件号	签字	日期	标记	处数	更改文件号	签字	日期

描图

描校

底图号

装订号

3.4.2 确定走刀路线及数控加工程序编制

1. 走刀路线的确定

该零件需要加工平面、内外轮廓而且加工能在一次装夹中完成。由于零件内外轮廓要求均比较高,可以分粗、精加工;为了减少编程工作量,利用子程序加工。零件内外轮廓各部分走刀路线如图3-32所示。

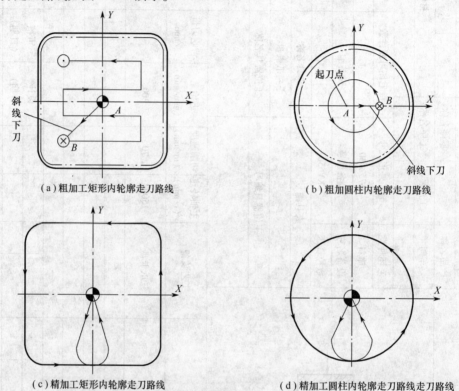

图3-32 走刀路线

2. 数控加工程序

编程坐标系如图3-33所示。

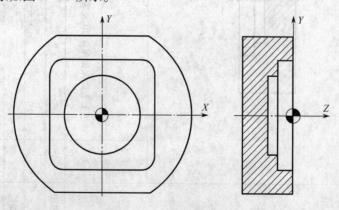

图3-33 零件编程坐标系

其粗加工内轮廓程序如下：

O0001；	主程序
G90 G94 G40 G21 G17；	程序保护头
G54 G00 X0 Y0；	XY 平面快速点定位
M03 S1200；	主轴正转，转速 1200r/min
G43 G00 Z100.0 H01；	建立刀具长度正补偿，刀具抬至工件上表面 100 的距离
G00 Z5.0；	刀具下降到工件上表面附近。
G01 Z0 F50；	刀具下降到子程序 Z 向起始点
M98 P31234；	调用子程序 O1234 3 次
G01 X−2.0 F100；	刀具移至起刀点
M98 P21235；	调用子程序 O1235 2 次
G01 Z5.0 F200；	抬刀至工件上表面
G90 G00 Z50.0；	抬刀至安全平面
M05；	主轴停止
M02；	程序结束

O1234；	子程序：粗加工四方型腔
G91 G01 X−12.5 Y−12.5 Z−2 F100；	斜线下刀
X25.0；	
Y8.0；	
X−25.0；	
Y8.0；	
X25.0；	
Y9.0；	
X−25.0；	
G90 X0 Y0；	返回下刀点
M99；	子程序结束

O1235；	子程序：粗加工内圆型腔
G91 G01 X8.5 Y0 Z−2.0 F100；	斜线下刀
G90 G02 X6.5 Y0 I−6.5 J0 F200；	
G01 X−2.0 Y0；	返回下刀点
M99；	子程序结束

精加工内轮廓程序如下：

O1236；	精加工四方型腔和内圆型腔
G90 G94 G40 G21 G17；	程序保护头
G54 G00 X0 Y0；	XY 平面快速点定位
M03 S1500；	主轴正转，转速 1500r/min
G43 G00 Z100.0 H02；	建立刀具长度正补偿，刀具抬至工件上表面 100 的距离
G00 Z5.0；	刀具下降到工件上表面附近
G01 Z-6 F50；	刀具下降到程序 Z 向起始点
G41 G01 X-5.0 Y-16.0 D02 F200；	建立刀具左补偿
G03 X0 Y-21.0 R5.0 F200；	圆弧方式切入
G01 X15.0 Y-21.0；	
G03 X21.0 Y-15.0 R6；	
G01 Y15.0；	
G03 X15.0 Y21.0 R6.0；	
G01 X-15.0；	
G03 X-21.0 Y15.0 R6.0；	
G01 Y-15.0；	
G03 X-15.0 Y-21.0 R6.0；	
G01 X0；	
G03 X6.0 Y-15.0 R6.0；	
G40 G01 X0 Y0；	取消刀具半径补偿
G01 Z-10.0 F100；	
G41 G01 X-6.0 Y-9.0 D02；	建立刀具左补偿
G03 X0 Y-15.0 R6.0 F100；	圆弧方式切入
G03 X0 Y-15.0 I0 J15.0；	
G03 X6.0 Y-9.0 R6.0；	
G40 G01 X0 Y0；	取消刀具半径补偿
G01 Z5.0 F200；	抬刀至工件上表面
G90 G00 Z50.0；	抬刀至安全平面
M30；	程序结束并复位

3.5 项目训练

1. 加工如图 3-34 所示的零件,坯料六面是已经加工的 120mm×120mm×20mm 的方料,零件材料为 45 钢,编制该零件的数控加工程序。

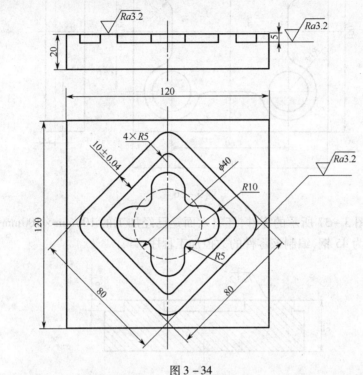

图 3-34

2. 加工如图 3-35 所示的零件,坯料六面是已经加工的 60mm×60mm×30mm 的方料,零件材料为 45 钢,编制该零件的数控加工程序。

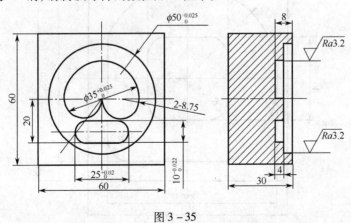

图 3-35

3. 加工如图 3-36 所示的零件,坯料六面是已经加工的 100mm×100mm×20mm 的方料,零件材料为 45 钢,编制该零件的数控加工程序。

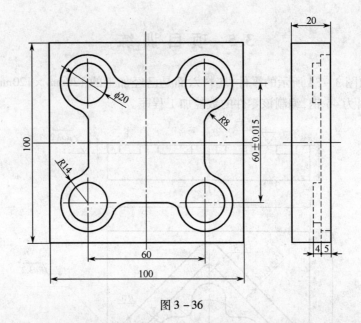

图 3-36

4. 加工如图 3-37 所示的零件,坯料六面是已经加工的 100mm × 100mm × 25mm 的方料,零件材料为 45 钢,编制该零件的数控加工程序。

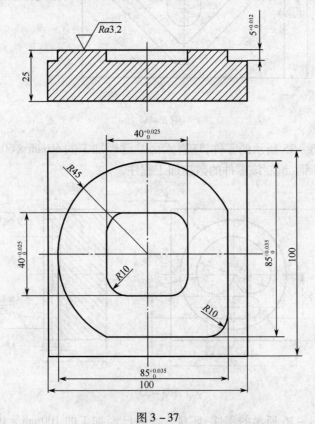

图 3-37

学习情境 4 孔 加 工

4.1 任务目标

知识点
- 了解孔加工的常用刀具
- 掌握孔加工的指令
- 孔加工路线的确定方法
- 孔加工的工艺

技能点
- 孔加工方法的选择
- 孔加工刀具的选择
- 孔加工固定循环程序的编制
- 孔加工精度及误差分析

4.2 任务引入

某车间要生产单件零件端盖,如图 4-1 所示。材料为 45 钢。

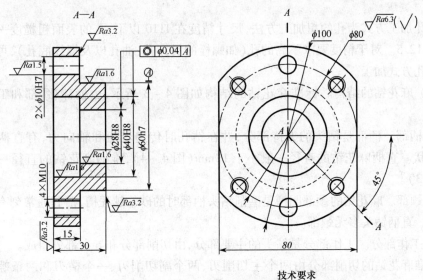

技术要求
1. 锐边倒钝;
2. 未注尺寸公差IT11(GB/T 1998)

图 4-1 孔加工任务图

4.3 相关知识

4.3.1 孔的钻削

1. 钻孔加工刀具的介绍

常用的孔加工刀具有中心钻、麻花钻、扩孔钻、锪孔钻、铰刀、镗刀、丝锥等。

1）中心钻

一般在用麻花钻钻削前,要先用中心钻打引正孔,用以准确确定孔中心的起始位置,减少定位误差,引导麻花钻进行加工。由于切削部分直径较小,所以用中心钻钻孔时,应选取较高的转速。

常用的中心钻有两种:A 型(不带护锥)和 B 型(带护锥),如图 4-2 所示。在加工中若仅用于钻定位孔时 A、B 型均可;在遇到工序较长、精度要求高的工件加工时,为了避免 60°定心锥被损坏,一般采用带护锥的中心钻(B 型)。

(a)不带护锥的中心钻　　　　(b)带护锥的中心钻

图 4-2　常用中心钻类型

2）麻花钻

(1)麻花钻的工艺特点。标准麻花钻用于钻孔加工,可加工直径 0.05~125mm 的孔。

钻孔加工方式为孔的粗加工方法,尺寸精度在 IT10 以下,孔的表面粗糙度一般只能达到 Ra12.5。对于精度要求不高的孔(如螺栓的贯穿孔、油孔以及螺纹底孔),可以直接采用钻孔方式加工。

(2)麻花钻的结构。标准麻花钻的结构如图 4-3 所示,由柄部、颈部和工作部分组成。

① 柄部。柄部是钻头的夹持部分,并在钻孔时传递转矩和轴向力,有直柄和锥柄两种形状。直柄麻花钻的直径一般小于 12mm(图 4-4),锥柄麻花钻的直径一般较大(图 4-3)。

② 颈部。麻花钻的颈部凹槽是磨削钻头柄部时的砂轮越程槽,槽底通常刻有钻头的规格等。直柄钻头多无颈部。

③ 工作部分。工作部分是钻头的主要部分,由切削部分和导向部分组成。

标准麻花钻的切削部分由两个主切削刃、两个副切削刃、一个横刃和两条螺旋槽组成,如图 4-5 所示。在加工中心上钻孔,因无夹具钻模导向,受两切削刃上切削力不对称的影响,容易引起钻孔偏斜,故要求钻头的两切削刃必须有较高的刃磨精度(两刃长度一致,顶角对称于钻头中心线或先用中心钻确定中心,再用钻头钻孔)。

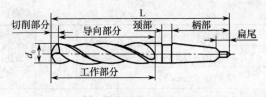
图4-3 锥柄麻花钻的结构

图4-4 直柄麻花钻的结构

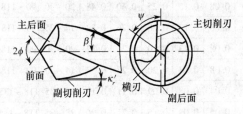
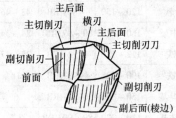

图4-5 麻花钻切削部分的组成

3) 高速钢钻头钻削不同材料的切削用量(参见表4-1)

表4-1 高速钢钻头钻削不同材料的切削用量

加工材料		硬度		切削速度 v/(m/min)	钻头直径 d_0/mm					钻头螺旋角/(°)	钻尖角/(°)	备注
		布氏 HBS	洛氏		<3	3~6	6~13	13~19	19~25			
					进给量 f/(mm/r)							
铝及铝合金		45~105	~62HRB	105	0.08	0.15	0.25	0.40	0.48	32~42	90~118	
铜及铜合金	高加工性	~124	10~70HRB	60	0.08	0.15	0.25	0.40	0.48	15~40	118	
	低加工性	~124	10~70HRB	20	0.08	0.15	0.25	0.40	0.48	0~25	118	
镁及镁合金		50~90	~52HRB	45~120	0.08	0.15	0.25	0.40	0.48	25~35	118	
锌合金		80~100	41~62HRB	75	0.08	0.15	0.25	0.40	0.48	32~42	118	
碳钢	~0.25C	125~175	71~88HRB	24	0.08	0.13	0.20	0.26	0.32	25~35	118	
	~0.50C	175~225	88~98HRB	20	0.08	0.13	0.20	0.26	0.32	25~35	118	
	~0.90C	175~225	88~98HRB	17	0.08	0.13	0.20	0.26	0.32	25~35	118	
合金钢	0.12~0.25C	175~225	88~98HRB	21	0.08	0.15	0.25	0.40	0.48	25~35	118	
	0.30~0.65C	175~225	88~98HRB	15~18	0.05	0.09	0.15	0.21	0.26	25~35	118	
马氏体时效钢		275~325	28~35HRC	17	0.08	0.13	0.20	0.26	0.32	25~32	118~135	
不锈钢	奥氏体	135~185	75~90HRB	17	0.05	0.09	0.15	0.21	0.26	25~35	118~135	用含钴高速钢
	铁素体	135~185	75~90HRB	20	0.05	0.09	0.15	0.21	0.26	25~35	118~135	
	马氏体	135~185	75~90HRB	20	0.08	0.15	0.25	0.40	0.48	25~35	118~135	用含钴高速钢
	沉淀硬化	150~200	82~94HRB	15	0.05	0.09	0.15	0.21	0.26	25~35	118~135	用含钴高速钢

(续)

加工材料		硬度		切削速度 v/(m/min)	钻头直径 d_0/mm					钻头螺旋角/(°)	钻尖角/(°)	备注
		布氏 HBS	洛氏		<3	3~6	6~13	13~19	19~25			
					进给量 f/(mm/r)							
工具钢		196	94HRB	18	0.08	0.13	0.20	0.26	0.32	25~35	118	
		241	24HRC	15	0.08	0.13	0.20	0.26	0.32	25~35	118	
灰铸铁	软	120~150	~80HRB	43~46	0.08	0.15	0.25	0.40	0.48	20~30	90~118	
	中硬	160~220	80~97HRB	24~34	0.08	0.13	0.20	0.26	0.32	14~25	90~118	
可锻铸铁		112~126	~71HRB	27~37	0.08	0.13	0.20	0.26	0.32	20~30	90~118	
球墨铸铁		190~225	~98HRB	18	0.08	0.13	0.20	0.26	0.32	14~25	90~118	
高温合金	镍基	150~300	~32HRB	6	0.04	0.08	0.09	0.11	0.13	28~35	118~135	用含钴高速钢
	铁基	180~230	89~99HRB	7.5	0.05	0.09	0.15	0.21	0.26	28~35	118~135	
	钴基	180~230	89~99HRB	6	0.04	0.08	0.09	0.11	0.13	28~35	118~135	
钛及钛合金	纯钛	110~200	~94HRB	30	0.05	0.09	0.15	0.21	0.26	30~38	135	用含钴高速钢
	α及α+β	300~360	31~39HRC	12	0.08	0.13	0.20	0.26	0.32	30~38	135	
	β	275~350	29~38HRC	7.5	0.05	0.09	0.15	0.21	0.26	30~38	135	
碳		—	—	18~21	0.04	0.08	0.09	0.11	0.13	25~35	90~118	
塑料		—	—	30	0.08	0.13	0.20	0.26	0.32	15~25	118	
硬橡胶		—	—	30~90	0.05	0.09	0.15	0.21	0.26	10~20	90~118	

2. 钻孔加工指令介绍

1）数控铣床、加工中心的固定循环概述

在数控铣床与加工中心上进行孔加工时，通常采用系统配备的固定循环功能进行编程。

通过对这些固定循环指令的使用，可以在一个程序段内完成某个孔加工的全部动作（孔加工进给、退刀、孔底暂停等），从而大大减少编程的工作量。FANUC 0i 系统数控铣床（加工中心）的固定循环指令见表 4-2。

表 4-2 孔加工固定循环及其动作一览表

G 代码	加工动作	孔底部动作	退刀动作	用途
G73	间隙进给	—	快速进给	钻深孔
G74	切削进给	暂停、主轴正转	切削进给	攻左螺纹
G76	切削进给	主轴准停	快速进给	精镗孔
G80	—	—	—	取消固定循环
G81	切削进给	—	快速进给	钻孔
G82	切削进给	暂停	快速进给	钻孔与锪孔
G83	间隙进给	—	快速进给	钻深孔
G84	切削进给	暂停、主轴正转	切削进给	攻右螺纹

(续)

G 代码	加工动作	孔底部动作	退刀动作	用途
G85	切削进给	—	切削进给	铰孔
G86	切削进给	主轴停	快速进给	镗孔
G87	切削进给	主轴正转	快速进给	反镗孔
G88	切削进给	暂停、主轴正转	手动	镗孔
G89	切削进给	暂停	切削进给	镗孔

(1) 孔加工固定循环。

① 孔加工固定循环动作。孔加工固定循环动作如图4-6所示。

- 动作1(图4-6中 *AB* 段)*XY*(G17)平面快速定位。
- 动作2(*BR* 段)*Z* 向快速进给到 *R* 点。
- 动作3(*RZ* 段)*Z* 轴切削进给,进行孔加工。
- 动作4(*Z* 点)孔底部的动作。
- 动作5(*ZR* 段)*Z* 轴退刀。
- 动作6(*RB* 段)*Z* 轴快速回到起始位置。

② 固定循环编程格式。孔加工固定循环的通用编程格式如下:

编程格式:G99/G98 G73~G89 X_ Y_ Z_ R_ Q_ P_ F_ K_;

其中:G99/G98 为孔加工完成后的刀具返回方式;G73~G89 为孔加工固定循环指令;X、Y 为指定孔在 *XY* 平面内的位置;Z 为孔底平面的位置;R 为 R 点平面的位置;Q 为在 G73、G83 深孔加工指令中,表示刀具每次加工深度;在 G76、G87 精镗孔指令中,表示主轴准停后刀具沿准停反方向的让刀量;P 为指定刀具在孔底的暂停时间,数字不加小数点,以毫秒(ms)作为时间单位;F 为孔加工切削进给时的进给速度;K 为指定孔加工循环的次数,该参数仅在增量编程中使用。

在实际编程时,并不是每一种孔加工循环的编程都必须要用到以上格式的所有代码。如例4-1中的钻孔固定循环指令格式:

[例4-1] G81 X50.0 Y50.0 Z-30.0 R5.0 F80;

以上格式中,除 K 代码外,其他所有代码都是模态代码,只有在循环取消时才被清除,因此这些指令一经指定,在后面的重复加工中不必重新指定。

[例4-2] G82 X50.0 Y50.0 Z-30.0 R5.0 P1000 F80;
　　　　　X100.0;
　　　　G80;

执行以上指令时,将在两个不同位置加工出两个相同深度的孔。

取消孔加工固定循环用 G80 指令表示。

另外,如在孔加工循环中出现 01 组的 G 代码,则孔加工方式也会被取消。

③ 固定循环平面。

- 初始平面。如图4-7中所示,初始平面是为安全下刀而规定的一个平面。初始平面可以设定在任意一个安全高度上。当使用同一把刀具加工多个孔时,刀具在初始平面内的任意移动将不会与夹具、工件凸台等发生干涉。

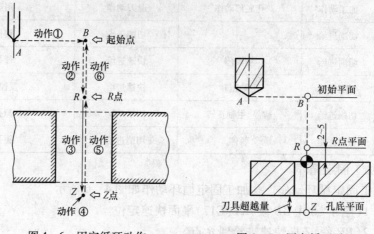

图 4-6 固定循环动作　　图 4-7 固定循环平面

● R 点平面。R 点平面又叫参考平面。这个平面是刀具下刀时,由快速进给(简称快进)转为切削进给(简称工进)的高度平面,该平面与工件表面的距离主要考虑工件表面的尺寸变化,一般情况下取 2~5 mm,如图 4-7 所示。

● 孔底平面。加工不通孔时,孔底平面就是孔底的 Z 轴高度。而加工通孔时,除要考虑孔底平面的位置外,还要考虑刀具的超越量(如图 4-7 中的 Z 点),以保证孔的成形。

(2) G98 与 G99 指令方式。当刀具加工到孔底平面后,刀具从孔底平面以两种方式返回,如图 4-6 所示动作 5,即返回到初始平面和返回到 R 点平面,分别用 G98 与 G99 来指定。

① G98 指令方式。G98 指令为系统默认返回方式,表示返回初始平面,如图 4-8(a)所示。

当采用固定循环进行孔系加工时,通常不必返回到初始平面;但是当完成所有孔加工后或者各孔位之间存在凸台或夹具等干涉时,则需返回初始平面,以保证加工安全。G98 指令格式如下:

G98 G81 X_Y_Z_R_F_;

② G99 指令方式。G99 指令表示返回 R 点平面,如图 4-8(b)所示。在没有凸台等干涉情况下,为了节省加工时间,刀具一般返回到 R 点平面。G99 指令格式如下:

G99 G81 X_Y_Z_R_F_;

(3) G90 与 G91 指令方式。固定循环中 R 值与 Z 值数据的指定与 G90 与 G91 指令的方式选择有关,而 Q 值与 G90 与 G91 指令方式无关。

① G90 指令方式。G90 指令方式中,X、Y、Z 和 R 均采用绝对坐标值指定,如图 4-9(a)所示。此时,R 一般为正值,而 Z 一般为负值。

② G91 指令方式。G91 指令方式中,R 值是指从初始平面到 R 点平面的增量值,而 Z 值是指从 R 点平面到孔底平面的增量值。如图 4-9(b)所示,R 值与 Z 值(G87 除外)均为负值。

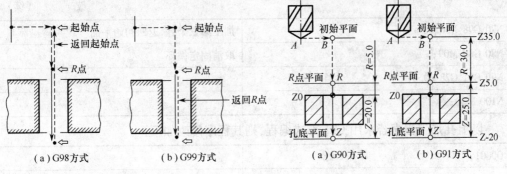

(a) G98方式   (b) G99方式

图4-8 G98与G99方式

(a) G90方式   (b) G91方式

图4-9 G90与G91方式

[例4-3] G90 G99 G81 X_Y_Z-20.0 R5.0 F_;

[例4-4] G91 G99 G81 X_Y_Z-25.0 R-30.0 F_;

2) 钻削循环指令

(1) 钻孔循环指令G81。

① 编程格式：G99/G98 G81 X_ Y_ Z_ R_ F_;

② 功能：G81指令常用于普通钻孔；

③ 指令动作：其加工动作如图4-10所示，刀具在初始平面快速（G00方式）定位到指令中指定的X、Y坐标位置，再Z向快速定位到R点平面，然后执行切削进给到孔底平面（Z坐标位置），刀具从孔底平面快速Z向退回到R点平面或初始平面。

[例4-5] 用G81指令编写如图4-11所示孔的加工程序。

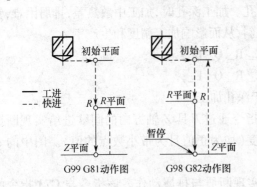

图4-10 G81与G82指令动作图

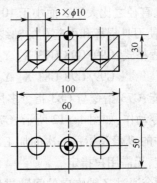

图4-11 G81指令编程实例

程序如下：

O0001;	
N10 G90 G49 G40 G80 G21 G94;	
N20 G54 G00 X0.0 Y0.0;	
N30 G43 Z100.0 H01;	Z100.0即为初始平面
N40 M03 S600 M08;	
N50 G99 G81 X-30.0 Y0.0 Z-32.887 R5.0 F80;	Z向超越量为钻尖高度2.887mm
N60 X0.0;	加工第二个孔

(续)

N70 G98 X30.0;	加工第三个孔,返回初始平面
N80 G80 M09;	取消固定循环
N90 G91 G28 Z0.0;	
N100 M30;	

以上孔加工程序若采用 G91 方式编程,则其程序修改如下:

O0001;	
N10 G90 G49 G40 G80 G21 G94;	
N20 G54 G00 X0.0 Y0.0;	
N30 G43 Z100.0 H01;	Z100.0 即为初始平面
N40 M03 S600;	
N50 G91 X60.0 Y0.0 M08;	XY 平面定位到增量编程的起点
N60 G99 G81 X-30.0 Z-32.887 R-95.0 F80 K3;	参数 K 在增量编程中使用时,该动作循环 3 次,即钻出相隔 30.0mm 的 3 个孔
N70 G80 M09;	取消固定循环
……	

(2) 高速深孔钻削循环指令 G73 与深孔排屑钻削循环指令 G83。所谓深孔,通常是指孔深与孔直径之比大于 5 而小于 10 的孔。加工深孔时,加工中散热差,排屑困难,钻杆刚性差,易使刀具损坏和引起孔的轴线偏斜,从而影响加工精度和生产率。

① 编程格式:G99/G98 G73 X_ Y_ Z_ R_ Q_ F_;
　　　　　　G99/G98 G83 X_ Y_ Z_ R_ Q_ F_;

② 功能:G73 指令与 G83 指令多用于深孔加工。

③ 指令动作:如图 4-12 所示,G73 指令通过刀具 Z 轴方向的间歇进给实现断屑动作。指令中的 Q 值是指每一次的加工深度(均为正值且为带小数点的值)。图中的 d 值由系统指定,无需用户指定。

G83 指令通过 Z 轴方向的间歇进给实现断屑与排屑动作。该指令与 G73 指令的不同之处在于:刀具间歇进给后快速回退到 R 点,再快速进给到 Z 向距上次切削孔底平面 d 处,从该点处,快进变成工进,工进距离为 $Q+d$。

[例 4-6] 试用 G73 或 G83 指令编写如图 4-13 所示的孔加工程序。

O0002;	
N10 G90 G49 G80 G40 G21 G94;	
N20 G54 G00 X0.0 Y0.0;	
N30 G43 Z100.0 H01;	
N40 M03 S600 M08;	
N50 G99 G73 X-50.0 Y-30.0 Z-65.0 R5.0 Q10.0 F80;	每次切深 10mm

(续)

| O0002;
N60 X50.0;
N70 Y30.0;
N80 G98 X-50.0;
N90 G80 M09;
N100 G91 G28 Z0;
N110 M30; | |

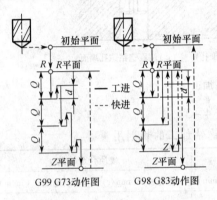

图4-12 G73与G83动作图

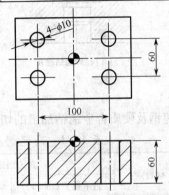

图4-13 G73与G83编程实例

4.3.2 扩孔加工

1. 扩孔加工刀具的介绍

1) 扩孔钻

(1) 扩孔钻的工艺特点。扩孔是孔的半精加工方法,尺寸精度为IT10~IT9,孔的表面粗糙度可控制在 $Ra6.3 \sim Ra3.2$。当钻削孔径 >30mm 的孔时,为了减小钻削力,提高孔的质量,一般先用0.5~0.7倍孔径大小的钻头钻出底孔,再用扩孔钻进行扩孔,也可采用镗刀扩孔。这样可较好地保证孔的精度,控制表面粗糙度,且生产率比直接用大钻头一次钻出时高。

(2) 扩孔钻的结构。标准扩孔钻一般有3~4条主切削刃,结构形式有直柄式、锥柄式、套式等。图4-14 所示为锥柄扩孔钻。扩孔直径较小时,可选用直柄式扩孔钻;扩孔直径中等时,可选用锥柄式扩孔钻;扩孔直径较大时,可选用套式扩孔钻。

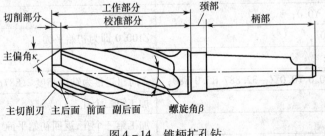

图4-14 锥柄扩孔钻

2）锪孔钻

锪孔钻有较多的刀齿，以成形法将孔端加工成所需的形状。如图4-15所示，锪孔钻主要用于加工各种沉头螺钉的沉头孔（平底沉孔、锥孔或球面孔）或削平孔的外端面。

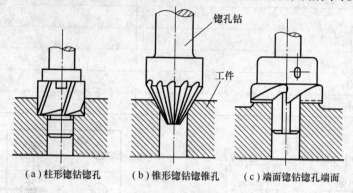

（a）柱形锪钻锪孔　　（b）锥形锪钻锪锥孔　　（c）端面锪钻锪孔端面

图4-15　锪钻加工

高速钢及硬质合金锪钻加工的切削用量见表4-3。

表4-3　高速钢及硬质合金锪钻加工的切削用量

加工材料	高速钢锪钻		硬质合金锪钻	
	进给量 $f/(mm/r)$	切削速度 $v/(m/min)$	进给量 $f/(mm/r)$	切削速度 $v/(m/min)$
铝	0.13~0.38	120~245	0.15~0.30	15~245
黄铜	0.13~0.25	45~90	0.15~0.30	120~210
软铸铁	0.13~0.18	37~43	0.15~0.30	90~107
软钢	0.08~0.13	23~26	0.10~0.20	75~90
合金钢及工具钢	0.08~0.13	12~24	0.10~0.20	55~60

2．扩孔加工指令介绍

扩/锪孔循环指令G82

（1）编程格式：G99/G98 G82 X_ Y_ Z_ R_ P_ F_。

（2）功能：常用于扩/锪孔或台阶孔的加工。

（3）指令动作：G82与G81指令动作相同，但G82指令在孔底增加了进给后的暂停，以提高孔底表面质量，G82指令中不指定暂停参数P，则与G81指令完全相同。

[例4-7]　试用G82指令编写如图4-11所示孔的加工程序。

O0001；	
N10 G90 G94 G40 G80 G21 G49；	
N20 G54 G00 X0.0 Y0.0；	
N30 G43 Z100.0 H01；	Z100.0即为初始平面
N40 M03S600 M08；	
N50 G99 G82 X-30.0 Y0.0 Z-32.887 R5.0 F80；	Z向超越量为钻尖高度2.887mm
N60 X0.0；	加工第二个孔
N70 G98 X30.0；	加工第三个孔，返回初始平面
O0001；	

（续）

N80 G80 M09；	取消固定循环
N90 G91 G28 Z0.0；	
N100 M30；	

以上指令如果要以 G91 方式编程，则其程序修改如下：

O0001；	
……	
N40 M03S600；	Z100.0 即为初始平面
N50 G91 X60.0 Y0.0 M08；	XY 平面定位到增量编程的起点
N60 G99 G82 X-30.0 Z-32.887 R-95.0 F80 K3；	参数 K 在增量编程中使用时，该动作循环 3 次，即钻出相隔 30.0mm 的 3 个孔
N70 G80 M09；	
……	

注意：前面介绍的钻孔指令也可以用作扩孔、锪孔等。

4.3.3 铰孔加工

1. 铰孔加工刀具的介绍——铰刀

1）铰孔的工艺特点

铰孔是对中小直径的孔进行半精加工和精加工的方法，也可用于磨孔或研孔前的预加工。孔的精度可达 IT6～IT9，孔的表面粗糙度可控制在 $Ra3.2～Ra0.4$。

铰孔的刀具为铰刀，为定尺寸刀具，可以加工圆柱孔、圆锥孔、通孔和盲孔。粗铰时余量一般为 0.10～0.35mm，精铰时余量一般为 0.04～0.06mm。

2）铰刀的种类

铰刀的种类较多，按材质可分为高速钢铰刀、硬质合金铰刀等；按柄部形状可分为直柄铰刀、锥柄铰刀、套式铰刀等；按适用方式可分为机用铰刀和手用铰刀。如图 4-16 所示。

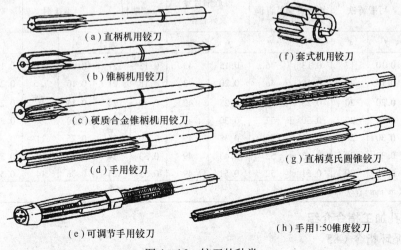

图 4-16　铰刀的种类

3) 铰刀的结构

标准机用铰刀如图4-17所示,有4~12齿,由工作部分、颈部和柄部组成。铰刀工作部分包括切削部分与校准部分。切削部分为锥形,担负主要切削工作;校准部分的作用是校正孔径、修光孔壁和导向。校准部分包括圆柱部分和倒锥部分。圆柱部分保证铰刀直径和便于测量,倒锥部分可减少铰刀与孔壁的摩擦和减小孔径扩大量。

整体式铰刀的柄部有直柄和锥柄之分,直径较小的铰刀,一般做成直柄形式,而大直径铰刀则常做成锥柄形式。

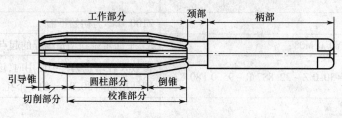

图4-17 铰刀的结构

4) 高速钢铰刀切削用量(参考表4-4)。

表4-4 高速钢铰刀加工不同材料的切削用量

铰刀直径 d_0/mm	低碳钢 120~200HBS		低合金钢 200~300HBS		高合金钢 300~400HBS		软铸铁 130HBS		中硬铸铁 175HBS		硬铸铁 230HBS	
	f	v	f	v	f	v	f	v	f	v	f	v
6	0.13	23	0.10	18	0.10	7.5	0.15	30.5	0.15	26	0.15	21
9	0.18	23	0.18	18	0.15	7.5	0.20	30.5	0.20	26	0.20	21
12	0.20	27	0.20	21	0.18	9	0.25	36.5	0.25	29	0.25	24
15	0.25	27	0.25	21	0.20	9	0.30	36.5	0.30	29	0.30	24
19	0.30	27	0.30	21	0.25	9	0.38	36.5	0.38	29	0.36	24
22	0.33	27	0.33	21	0.25	9	0.43	36.5	0.43	29	0.41	24
25	0.51	27	0.38	21	0.30	9	0.51	36.5	0.51	29	0.41	24

铰刀直径 d_0/mm	可锻铸铁		铸造黄铜及青铜		铸造铝合金及锌合金		塑料		不锈钢		钛合金	
	f	v	f	v	f	v	f	v	f	v	f	v
6	0.10	17	0.13	46	0.15	43	0.13	21	0.05	7.5	0.15	9
9	0.18	20	0.18	46	0.20	43	0.18	21	0.10	7.5	0.20	9
12	0.20	20	0.23	52	0.30	49	0.20	24	0.15	9	0.25	12
15	0.25	20	0.30	52	0.30	49	0.25	24	0.20	9	0.25	12
19	0.30	20	0.41	52	0.38	49	0.30	24	0.25	11	0.30	12
22	0.33	20	0.43	52	0.43	49	0.33	24	0.30	12	0.38	18
25	0.38	20	0.51	52	0.51	49	0.51	24	0.36	14	0.51	18

注:单位:v/(m/mm);f/(mm/r)

2. 铰孔加工指令介绍

铰孔循环指令 G85

(1) 编程格式:G99/G98 G85 X_ Y_ Z_ R_ F_;

(2) 功能：该指令常用于铰孔和扩孔加工,也可用于粗镗孔加工。

(3) 指令动作：如图4-18所示,执行G85固定循环指令时,刀具以切削进给方式加工到孔底,然后以切削进给方式返回到 R 平面,当采用G98方式时,继续从 R 平面快速返回到初始平面。

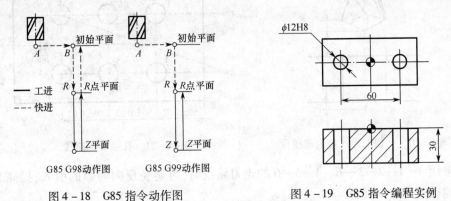

图4-18 G85指令动作图　　　　图4-19 G85指令编程实例

[例4-8] 试用G85指令编写如图4-19所示孔的加工程序。

O0003;	
……	
M03 S180 M08;	
G99 G85 X-30.0 Y0 Z-35.0 R3.0 F90;	注意铰孔时切削用量的选择
X30.0;	
G80;	
……	

3. 孔加工路线确定

1) 孔加工导入量

如图4-20所示,ΔZ 即为孔加工导入量。是指在孔加工过程中,刀具从快进转为工进时,刀尖点位置与孔上表面之间的距离。

孔加工导入量的具体值由工件表面的尺寸变化量确定,一般情况下取2~10mm。当孔上表面为已加工表面时,导入量取较小值(2~5mm)。

2) 孔加工超越量

如图4-20所示,$\Delta z'$ 即为孔加工超越量。该值一般大于或等于钻尖高度 $Z_p = D/2\cos\alpha \approx 0.3D$。

通孔镗孔时,刀具超越量取1~3mm;

通孔铰孔时,刀具超越量取3~5mm;

通孔钻孔时,刀具超越量等于 Z_p +1~3mm。

3) 相互位置精度高的孔系加工路线的选择

对于位置精度要求较高的孔系加工,特别要注意孔的加工顺序的安排,避免将坐标轴的反向间隙带入,影响位置精度。

如图 4-21 所示孔系加工,如按 A—1—2—3—6—5—4—B 安排加工走刀路线时,在加工 5、4 孔时,X 方向的反向间隙会使定位误差增加,从而影响 5、4 孔与其他孔的位置精度。

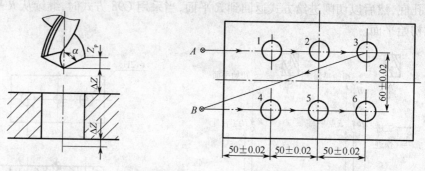

图 4-20 孔加工导入量与超越量　　　图 4-21 孔系加工路线

而采用 A—1—2—3—B—4—5—6 的走刀路线时,可避免反向间隙的引入,提高 5、4 孔与其他孔的位置精度。

4.3.4 镗孔加工

1. 镗孔加工刀具的介绍

1) 镗孔的工艺特点

镗孔加工可对不同孔径的孔进行粗加工、半精加工和精加工。粗镗的尺寸公差等级为 IT13~IT12,表面粗糙度值为 $Ra12.5~Ra6.3$;半精镗的尺寸公差等级为 IT10~IT9,表面粗糙度值为 $Ra6.3~Ra3.2$;精镗的尺寸公差等级为 IT8~IT7,表面粗糙度值为 $Ra1.6~Ra0.8$。

镗孔可修正前工序造成的孔轴线的弯曲、偏斜等形状位置误差。镗孔切削用量见表 4-5。

2) 镗刀的分类

镗刀种类很多,按加工精度可分为粗镗刀和精镗刀。此外,镗刀按切削刃数量可分为单刃镗刀和双刃镗刀。

(1) 粗镗刀。粗镗刀如图 4-22 所示,其结构简单,用螺钉将镗刀刀头装夹在镗杆上。刀杆顶部和侧部有两个锁紧螺钉,分别起调整尺寸和锁紧作用。根据粗镗刀刀头在刀杆上的安装形式,粗镗刀又分成倾斜型粗镗刀和直角型粗镗刀。镗孔时,所镗孔径的大小要靠调整刀头的悬伸长度来保证,调整麻烦,效率低,大多用于单件小批量生产。

(2) 精镗刀。精镗刀目前较多地选用可调精镗刀(图 4-23)和微调精镗刀(图 4-24)。这种镗刀的径向尺寸可以在一定范围内进行微调,调节方便,且精度高。调整尺寸时,先松开锁紧螺钉,然后转动带刻度盘的调整螺母,调至所需尺寸后再拧紧锁紧螺钉。

(3) 双刃镗刀。如图 4-25 所示,其两端有一对对称的切削刃同时参加切削,与单刃镗刀相比,每转进给量可提高 1 倍左右,生产效率高。同时,可以消除切削力对镗杆的影响。

(4) 镗孔刀刀头。镗孔刀刀头有粗镗刀刀头和精镗刀刀头之分,如图 4-26、图 4-27 所示。粗镗刀刀头与普通焊接车刀相类似;微调精镗刀刀头上带刻度盘,可根据要求进行精确调整,从而保证加工精度。

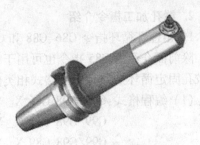

图 4 – 22　倾斜型单刃粗镗刀　　　　图 4 – 23　可调精镗刀

图 4 – 24　微调精镗刀　　　　图 4 – 25　双刃镗刀

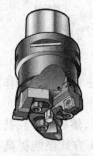

图 4 – 26　可调粗镗刀刀头　　　　图 4 – 27　微调精镗刀刀头

(5) 镗削用量见表 4 – 5。

表 4 – 5　镗削用量

加工方式	刀具材料	$v/(\text{m/min})$					$f/(\text{mm/r})$	a_p/mm (直径上)
		软钢	中硬钢	铸铁	铝镁合金	铜合金		
半精镗	高速钢	18~25	15~18	18~22	50~75	30~60	0.1~0.3	0.1~0.8
	硬质合金	50~70	40~50	50~70	150~200	150~200	0.08~0.25	
精镗	高速钢	25~28	18~20	22~25	50~75	30~60	0.02~0.08	0.05~0.2
	硬质合金	70~80	60~65	70~80	150~200	150~200	0.02~0.06	
钻孔	高速钢	20~25	12~18	14~20	30~40	60~80	0.08~0.15	—
扩孔		22~28	15~18	20~24	30~50	60~90	0.1~0.2	2~5
精钻精铰		6~8	5~7	6~8	8~10	8~10	0.08~0.2	0.05~0.1

注：1　加工精度高，工件材料硬度高时，切削用量选低值。
　　2　刀架不平衡或切屑飞溅大时，切削速度选低值

2. 镗孔加工指令介绍

1）粗镗孔循环指令 G86、G88 和 G89

除前面介绍的 G85 指令也可用于粗镗孔外，还有 G86、G88、G89 等指令，其指令格式与铰孔固定循环指令 G85 的格式相类似。

（1）编程格式：G99/G98 G86 X_ Y_ Z_ R_ P_ F_；
　　　　　　　G99/G98 G88 X_ Y_ Z_ R_ P_ F_；
　　　　　　　G99/G98 G89 X_ Y_ Z_ R_ P_ F_；

（2）指令动作：如图 4-28 所示，执行 G86 循环指令时，刀具以切削进给方式加工到孔底，然后主轴停转，刀具快速退到 R 点平面后，主轴正转。采用这种方式退刀时，刀具在退回过程中容易在工件表面划出条痕。因此，该指令常用于精度及表面粗糙度要求不高的镗孔加工。

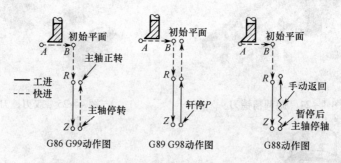

图 4-28　粗镗孔指令动作图

G89 指令动作与前节介绍的 G85 指令动作类似，不同的是 G89 指令动作在孔底增加了暂停，因此该指令常用于阶梯孔的加工。

G88 循环指令较为特殊，刀具以切削进给方式加工到孔底，然后刀具在孔底暂停后主轴停转，这时可通过手动方式从孔中安全退出刀具。这种加工方式虽能提高孔的加工精度，但加工效率较底。因此，该指令常在单件加工中采用。

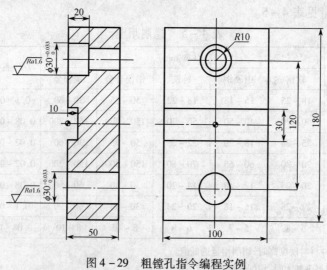

图 4-29　粗镗孔指令编程实例

[例4-9] 试用粗镗孔指令编写图4-29所示2个φ30mm孔的数控铣床加工程序。

O0001;	
……	
M03 S700 M08;	
G99 G89 X0 Y-60.0 Z-55.0 R5.0 F150;	通孔,超越量为5mm
G98 G89 X0 Y60.0 Z-20.0 R5.0 P1 000 F150;	台阶孔增加孔底暂停动作
G80 M09;	
……	

2) 精镗孔循环指令G76与反镗孔循环指令G87

(1) 编程格式:G99/G98 G76 X_ Y_ Z_ R_ Q_ P_ F_;
　　　　　　　G99/G98 G87 X_ Y_ Z_ R_ Q_ F_;

(2) 指令动作:如图4-30所示,执行G76循环指令时,刀具以切削进给方式加工到孔底,实现主轴准停,刀具向刀尖相反方向移动Q,使刀具离开工件表面,保证刀具不划伤工件表面,然后快速退刀至R平面或初始平面,刀具正转。G76指令主要用于精密镗孔加工。

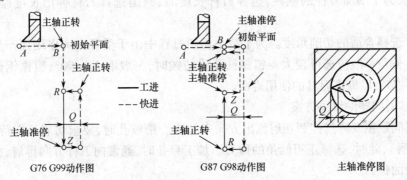

图4-30　精镗孔指令动作图

执行G87循环指令时,刀具在G17平面内快速定位后,主轴准停,刀具向刀尖相反方向偏移Q,然后快速移动到孔底(R点),在这个位置刀具按原偏移量反向移动相同的Q值,主轴正转并以切削进给方式加工到Z平面,主轴再次准停,并沿刀尖相反方向偏移Q,快速提刀至初始平面并按原偏移量返回到G17平面的定位点,主轴开始正转,循环结束。由于在执行G87循环指令的过程中,退刀时刀尖未接触工件表面,故加工表面质量较好,所以该循环指令常用于精密孔的镗削加工。

注意:G87循环指令不能用G99指令进行编程。

[例4-10] 试用精镗孔循环指令编写图4-29中2个φ30mm孔的数控铣削加工程序。

O0002;	
……	
M03 S1200 M08;	

(续)

G98 G87 X0 Y-60.0 Z5.0 R-55.0 Q0.2 F60;	通孔用 G87 指令
G98 G76 X0 Y60.0 Z-20.0 R5.0 Q0.2 P1000 F60;	台阶孔用 G76 指令
G80 M09;	
M30;	

3. 镗孔加工的关键技术

镗孔加工的关键技术是解决镗刀杆的刚性问题和排屑问题。

1) 刚性问题的解决方案

(1) 选择截面积大的刀杆。镗刀刀杆的截面积通常为内孔截面积的1/4。因此,为了增加刀杆的刚性,应根据所加工孔的直径和预孔的直径,尽可能选择截面积大的刀杆。

通常情况下,孔径在 $\phi30 \sim \phi120$ 范围内,镗刀杆直径一般为孔径的 0.7~0.8 倍。孔径小于 $\phi30$mm 时,镗刀杆直径取孔径的 0.8~0.9 倍。

(2) 刀杆的伸出长度尽可能短。镗刀刀杆伸得太长,会降低刀杆刚性,容易引起振动。因此,为了增加刀杆的刚性,选择刀杆长度时,只需选择刀杆伸出长度略大于孔深即可。

(3) 选择合适的切削角度。为了减小切削过程中由于受径向力作用而产生的振动,镗刀的主偏角一般应选得较大。镗铸铁孔或精镗时,一般取 $K_r = 90°$;粗镗钢件孔时,取 $K_r = 60° \sim 75°$,以提高刀具的使用寿命。

2) 排屑问题的解决方案

排屑问题主要通过控制切屑流出方向来解决。精镗孔时,要求切屑流向待加工表面(即前排屑),此时,选择正刃倾角的镗刀。加工盲孔时,通常向刀杆方向排屑,此时,选择负刃倾角的镗刀。

4.3.5 螺纹加工

1. 螺纹加工刀具的介绍

螺纹孔加工时大多采用攻螺纹的方法来加工内螺纹。此外,还采用螺纹铣削刀具来铣削加工螺纹。

1) 丝锥

丝锥如图 4-31 所示,由工作部分和柄部组成。工作部分包括切削部分和校准部分。切削部分的前角为 8°~10°,后角铲磨成 6°~8°。前端磨出切削锥角,使切削负荷分布在几个刀齿上,使切削省力。校正部分的大径、中径、小径均有 0.05%~0.12% 的倒锥,以减小与螺孔的摩擦,减小所攻螺纹的扩张量。

2) 螺纹铣刀

螺纹铣刀如图 4-32 所示。螺纹铣削加工与传统螺纹加工方式相比,在加工精度、加工效率方面具有极大优势,加工时不受螺纹结构和螺纹旋向的限制,如一把螺纹铣刀可加工多种不同旋向的内、外螺纹。对于不允许有过渡扣或退刀槽结构的螺纹,采用螺纹铣削

图 4-31　机用丝锥　　　　　　　　图 4-32　螺纹铣刀

加工十分容易实现。此外,螺纹铣刀的耐用度是丝锥的几倍甚至数十倍,而且在数控铣削螺纹过程中,对螺纹直径尺寸的调整极为方便。

2. 螺纹加工指令介绍

1) 刚性攻右旋螺纹指令 G84 与攻左旋螺纹指令 G74

(1) 编程格式:G99/G98 G84 X_ Y_ Z_ R_ P_ F_;
　　　　　　　G99/G98 G74 X_ Y_ Z_ R_ P_ F_;

注意:指令中的 F 是指螺纹的导程,单线螺纹则为螺纹的螺距。

(2) 指令动作:如图 4-33 所示,G74 循环指令为左旋螺纹攻螺纹指令,用于加工左旋螺纹。执行该循环指令时,首先主轴反转,在 G17 平面快速定位后快速移动到 R 点,然后执行攻螺纹到达孔底后,主轴正转退回到 R 点,最后主轴恢复反转,完成攻螺纹动作。

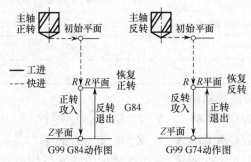

图 4-33　G74 指令与 G84 指令动作图

G84 指令动作与 G74 指令基本类似,只是 G84 指令用于加工右旋螺纹。执行该循环指令时,首先主轴正转,在 G17 平面快速定位后快速移动到 R 点,然后执行攻螺纹到达孔底后,主轴反转退回到 R 点,最后主轴恢复正转,完成攻螺纹动作。

在指定 G74 指令前,应先进行换刀并使主轴反转。另外,在用 G74 指令与 G84 指令攻螺纹期间,进给倍率、进给保持(循环暂停)均被忽略。

刚性攻螺纹指令使用时需要指定刚性方式,有以下三种:

① 在攻螺纹指令段之前指定"M29 S_;";
② 在包含攻螺纹指令的程序段中指定"M29 S_;";
③ 将系统参数"NO.5200#0"设为 1。

注意:如果在 M29 和 G84/G74 之间指定 S 和轴移动指令,将产生系统报警;而如果在 G84/G74 中仅指定 M29 指令,也会产生系统报警。因此,本任务及以后任务中采用第三种方式指定刚性攻螺纹方式。

[例 4-11] 试用攻螺纹循环指令编写如图 4-34 中 2 个螺纹孔的加工程序。

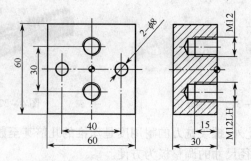

图 4-34 G74 指令与 G84 指令加工实例

O0003;	
……	
M03 S100 M08;	
G99 G84 X0 Y15.0 Z-15.0 R5.0 F1.75;	M12 粗牙螺纹的螺距为 1.75mm
G80 M09;	
……	换左旋螺纹丝锥,调用相应的刀长补偿
M04 S100 M08;	攻左螺纹时,主轴反转
G98 G74 X 0 Y-15.0 Z-15.0 R5.0 F1.75;	
G80 M09;	
M30;	

2) 深孔攻螺纹断屑或排屑循环

(1) 编程格式：G99/G98 G84 X_ Y_ Z_ R_ P_ Q_ F_;
　　　　　　G99/G98 G74 X_ Y_ Z_ R_ P_ Q_ F_;

(2) 指令动作：如图 4-35 所示,深孔攻螺纹的断屑与排屑动作与深孔钻动作类似,不同之处在于刀具在 R 点平面以下的动作均为切削加工动作。

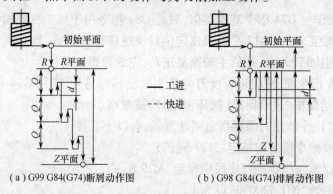

(a) G99 G84(G74)断屑动作图　　(b) G98 G84(G74)排屑动作图

图 4-35 深孔攻螺纹断屑或排屑循环动作图

深孔攻螺纹断屑与排屑动作的选择是通过修改系统攻螺纹参数来实现的。将系统参数"NO.5200#5"设为 0 时,不能实现深孔断屑攻螺纹;而将系统参数"NO.5200#5"设为 1 时,可实现深孔断屑攻螺纹。

3）铣削螺纹的方法

在数控铣床中进行编程时,G02 或 G03 指令大部分是用来在被指定的平面上进行圆弧插补,指令格式通常为"G17 G02/G03 X_ Y_ I_ J_ F_;"。若在指定圆弧插补的同时指令指定平面外的轴的移动,就可以执行使刀具螺旋移动的螺旋插补,进而实现铣削螺纹,指令格式通常为:

G17 G02/G03 X_ Y_ I_ J_ Z_ F_;

故铣削螺纹是由刀具的自转与机床的螺旋插补形成的,是利用数控机床的圆弧插补指令和螺纹铣刀绕螺纹轴线作 X、Y 方向圆弧插补运动,同时轴向方向作直线运动来完成螺纹加工。

3. 攻螺纹的加工工艺

1）普通螺纹简介

普通螺纹是我国应用最为广泛的一种三角形螺纹,牙型角为 60°。普通螺纹分粗牙螺纹和细牙螺纹。普通粗牙螺纹螺距是标准螺距,其代号用字母"M"及公称直径表示,如 M16、M12 等。普通细牙螺纹代号用字母"M"及公称直径×螺距表示,如 M24×1.5、M27×2 等。

普通螺纹有左旋螺纹和右旋螺纹之分,左旋螺纹应在螺纹标记的末尾处加注"LH"字样,如 M20×1.5LH 等,未注明的是右旋螺纹。

2）底孔直径的确定

攻螺纹时,丝锥在切削金属的同时,还伴随较强的挤压作用。因此,金属产生塑性变形形成凸起挤向牙尖,使攻出的螺纹的小径小于底孔直径。

攻螺纹前的底孔直径应稍大于螺纹小径,否则攻螺纹时因挤压作用而使螺纹牙顶与丝锥牙底之间没有足够的容屑空间,将丝锥箍住,甚至折断丝锥。这种现象在攻塑性较大的材料时将更为严重。但底孔直径也不宜过大,否则会使螺纹牙型高度不够,降低强度。

底孔直径的大小通常根据经验公式决定,其公式如下:

$$D_{底} = D - P(加工钢件等塑性金属)$$

$$D_{底} = D - 1.05P(加工铸铁等脆性金属)$$

其中:$D_{底}$ 为攻螺纹、钻螺纹底孔用钻头直径(mm);D 为螺纹大径(mm);P 为螺距(mm)。

对于细牙螺纹,其螺纹的螺距已在螺纹代号中作了标记;而对于粗牙螺纹,每一种螺纹螺距的尺寸规格也是固定的,如 M8 的螺距为 1.25mm,M10 的螺距为 1.5mm,M12 的螺距为 1.75mm 等,具体请查阅有关螺纹尺寸参数表。

3）不通孔螺纹底孔长度的确定

攻不通孔螺纹时,由于丝锥切削部分有锥角,端部不能切出完整的牙型,所以钻孔深度要大于螺纹的有效深度,如图 4-36 所示。一般取

$$H_{钻} = h_{有效} + 0.7D$$

其中:$H_{钻}$ 为底孔深度(mm);$h_{有效}$ 为螺纹有效深度(mm);D 为螺纹大径(mm)。

4）螺纹轴向起点和终点尺寸的确定

在数控机床上攻螺纹时,沿螺距方向的 Z 向进给应和机床主轴的旋转保持严格的速

比关系,但在实际攻螺纹开始时,伺服系统不可避免地有一个加速的过程,结束前也相应有一个减速的过程。在这两段时间内,螺距得不到有效保证。

为了避免这种情况的出现,在安排工艺时要尽可能考虑合理的导入距离 δ_1 和导出距离 δ_2(即前节所说的"超越量"),如图 4-37 所示。

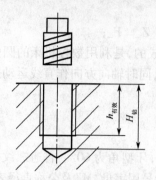
图 4-36 不通孔螺纹底孔长度

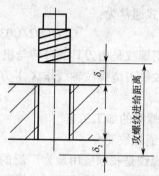
图 4-37 攻螺纹轴向起点与终点

δ_1 和 δ_2 的数值与机床拖动系统的动态特性有关,还与螺纹的螺距和螺纹的精度有关。一般 δ_1 取 $(2\sim3)P$,对大螺距和高精度的螺纹则取较大值;δ_1 一般取 $(1\sim2)P$。此外,在加工通孔螺纹时,导出量还要考虑丝锥前端切削锥角的长度。

[例 4-12] 试用铣削螺纹的方法编写如图 4-38 中的加工程序。螺纹底孔直径: $d_1 = 28.38mm$;螺纹直径: $d_0 = 30mm$;螺纹长度 $l = 15mm$;螺距: $P = 1.5mm$;机夹螺纹铣刀直径: $d_2 = 19mm$;铣削方式:顺铣。具体加工路线为:钻孔至 $\phi13 \rightarrow$ 扩孔至 $\phi28.4 \rightarrow$ 铣螺纹。

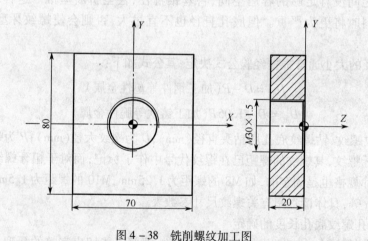
图 4-38 铣削螺纹加工图

O0031;	
G40 G17 G80 G90　G54;	
G91 G28 Z0.0;	
T01 M06;	调用螺纹铣刀

(续)

M03 S1500 M08;	
G43G90 Z100 H01;	建立刀具长度补偿,到达 Z100mm 的高度
Z10;	到达 Z10mm 的高度
Z2;	到达 Z2mm 的高度
G42 G01 X -11 Y0 D01 F500;	建立刀具半径补偿
G02 X15 Y0 R13;	圆弧切入
M98 P125011;	调用 O5011 子程序 12 次
G90 G02 X -11 Y0 R13;	圆弧切出
G40 G01 X0 Y0;	取消刀具半径补偿
G00 Z100 M05;	抬高刀具,主轴停止
M30;	程序结束
O5011;	子程序名
G91 G02 I -15 Z -1.5 F500;	螺纹加工,每周 Z 向移动 1.5mm
M99;	返回主程序

4.3.6 孔加工方法介绍

在数控铣床及加工中心上,常用孔加工的方法有钻孔、扩孔、铰孔、粗/精镗孔及攻螺纹等。通常情况下,在数控铣床及加工中心上能较方便地加工出 IT7~IT9 级精度的孔,对于这些孔的推荐加工方法见表 4-6。

表 4-6 孔的加工方法推荐选择表

孔的精度	有无预孔	孔尺寸				
		0~	12~	20~	30~	60~80
IT9~IT11	无	钻—铰	钻—扩		钻—扩—镗(或铰)	
	有	粗扩—精扩;或粗镗—精镗(余量少可一次性扩孔或镗孔)				
IT8	无	钻—扩—铰	钻—扩—精镗(或铰)		钻—扩—粗镗—精镗	
	有	粗镗—半精镗—精镗(或精铰)				
IT7	无	钻—粗铰—精铰	钻—扩—粗铰—精铰;或钻—粗镗—半精镗—精镗			
	有	粗镗—半精镗—精镗(如仍达不到要求还可进一步采用精细镗)				

表 4-6 说明如下:

(1) 在加工直径小于 30mm 且没有预孔的毛坯孔时,为了保证钻孔加工的定位精度,可选择在钻孔前先将孔口端面铣平或采用打中心孔的加工方法。

(2) 对于表中的扩孔及粗镗加工,也可采用立铣刀铣孔的加工方法。

(3) 在加工螺纹孔时,先加工出螺纹底孔,对于直径在 M6 以下的螺纹,通常不在加工中心上加工;对于直径在 M6～M20 的螺纹,通常采用攻螺纹的加工方法;而对于直径在 M20 以上的螺纹,可采用螺纹镗刀或螺纹铣刀进行镗削或铣削加工。

4.4 任务实施

4.4.1 零件工艺分析

1. 零件图工艺分析

1) 加工内容及技术要求

该零件属于盘类零件,由圆柱台阶轴、阶梯孔及螺纹孔等组成,所有表面都需要加工。零件标注完整,尺寸标注基本符合数控加工要求,轮廓描述清晰。

零件毛坯为 $\phi 105mm \times 35mm$ 的 45 钢棒料,切削加工性能较好,无热处理要求。

外圆尺寸 $\phi 60h7$($\phi 60_{-0.03}^{\ 0}$ mm)、内孔 $\phi 28H8$($\phi 28_{\ 0}^{+0.033}$ mm)、内孔 $\phi 40H8$($\phi 40_{\ 0}^{+0.033}$ mm)及 $2 \times \phi 10H7$($\phi 10_{\ 0}^{+0.018}$ mm)的孔有较高的尺寸精度,且 $\phi 60h7$ 的外圆与孔 $\phi 28H8$、$\phi 40H8$ 有同轴度要求,表面粗糙度数值均为 $Ra1.6$,加工时需要重点注意;零件总高 30 以及 $100mm \times 80mm \times 15mm$ 的外轮廓的加工要求为 IT11,精度要求不高,容易保证;$4 \times M10$ 的螺纹孔精度要求亦不高,较容易保证。其余表面质量要求为 $Ra6.3$,容易保证。

2) 加工方法

该零件外圆 $\phi 60h7$ 的加工要求较高,拟选择:粗车→半精车→精车的方法加工;内孔 $\phi 28H8$ 的加工要求也较高,并与 $\phi 60h7$ 的外圆有同轴度要求,拟选择:钻孔→粗镗→半精镗→精镗的方法加工;内孔 $\phi 40H8$ 的加工要求也较高,拟选择:粗镗→精镗的方法加工;$2 \times \phi 10H7$ 的孔尺寸精度要求较高,且孔壁表面质量为 $Ra1.6$,可选择钻中心孔→钻孔→扩孔→铰孔的方法加工;$4 \times M10$ 的螺纹孔可选择钻中心孔→钻底孔→攻螺纹的方案;$100mm \times 80mm \times 15mm$ 的轮廓的加工要求不高可选择粗车→精车→粗铣→精铣的方法加工。

2. 机床选择

根据零件的结构特点、加工要求以及现有车间的设备条件,数控车削部分选用配备 FANUC - 0i 系统的 CAK6140 数控车床上加工。数控铣削部分选用配备 FANUC - 0i 系统的 KV650 数控铣床上加工。KV650 机床参数见表 1 - 1。

3. 装夹方案的确定

在实际加工中接触的通用夹具为平口钳、三爪卡盘和压板,根据对零件图的分析可知,该零件在数控车床上加工时,用三爪卡盘进行装夹,在数控铣床上加工时,以 $\phi 60h78$ 的外圆与 $\phi 28H8$ 的内孔进行装夹定位,因此采用三爪卡盘装夹较为合理(卡盘夹住 $\phi 60h78$ 的外圆,底部用平整垫铁托起,并用百分表仔细找正孔 $\phi 28H8$)。数铣的装夹示意图如图 4 - 39 所示。

4. 工艺过程卡片的制定

从前面的分析可知该零件先数车后数铣,具体的工艺过程见表 4 - 9(以下内容只分析数控铣削加工部分)。

5. 加工顺序的确定

工件以 $\phi 28H8$ 的孔进行找正后,因孔粗镗与其有同轴度要求,可先粗镗 $\phi 40H8$ 到

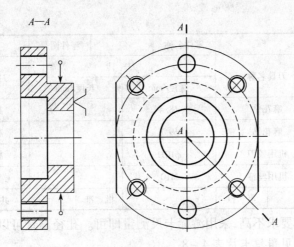

图 4-39 端盖装夹示意图

φ39.8mm，再精镗至要求。

铣削长 80mm 的两侧面：粗铣到 81.6mm，再精铣到 80mm。

钻 2×φ10H7、4×M10 的中心孔。

钻 2×φ10H7、4×M10 的底孔，底孔为 φ8.4mm。

扩 2×φ10H7 的孔至 φ9.8mm。

铰 2×φ10H7 的孔。

攻 4×M10 的螺纹。

6. 刀具、量具的确定

零件两侧面采用立铣刀加工，根据工件去除量和厚度尺寸合理选择立铣刀直径。根据车间现有条件选用 φ12 硬质合金立铣刀。

镗 φ40H8 的孔粗镗时选用 φ39.8 的可调粗镗刀，精镗时选用 φ40 的微调精镗刀。

钻 2×φ10H7、4×M10 的中心孔选用 A3 的中心钻。

钻 2×φ10H7、4×M10 的底孔选用 φ8.4 的麻花钻。

扩 2×φ10H7 的孔选用 φ9.8 的麻花钻。

铰 2×φ10H7 的孔选用 φ10H7 的机用铰刀。

攻 4×M10 的螺纹孔选用 M10 的机用丝锥。

具体刀具型号见刀具卡片表 4-7。

表 4-7 数控加工刀具卡片

产品名称或代号		零件名称		零件图号		备 注
工步号	刀具号	刀具名称	刀 具		刀具材料	
			直径/mm	长度/mm		
1	T01	可调粗镗刀	φ39.8		硬质合金	
2	T02	微调精镗刀	φ40		硬质合金	
3	T03	立铣刀	φ12		硬质合金	
4	T04	中心钻	A3		高速钢	

(续)

产品名称或代号			零件名称		零件图号		备 注
工步号	刀具号	刀具名称	刀具			刀具材料	
			直径/mm	长度/mm			
5	T05	麻花钻	φ8.4			高速钢	
6	T06	麻花钻	φ9.8			高速钢	
7	T07	机用铰刀	φ10H			高速钢	
8	T08	机用丝锥	M10			涂层	
编制			审核		批准	共1页	第1页

外形尺寸精度要求不高,采用游标卡尺测量即可。孔径测量可以采用内径千分表测量。具体量具型号见量具卡片表4-8。

表4-8 量具卡片

产品名称或代号		零件名称		零件图号	
序号	量具名称		量具规格	精度	数量
1	游标卡尺		0~150mm	0.02mm	1把
2	内径千分表		1~25mm	0.01mm	1把
3	内径千分表		25~50mm	0.01mm	1把
4	百分表		0~10mm	0.01mm	1只
编制		审核		批准	共1页 第1页

7. 工艺卡片的制订

根据前面的分析,制订该零件数铣加工部分的工序卡片见表4-10。

4.4.2 确定走刀路线及数控加工程序编制

1. 确定走刀路线

端盖零件两侧面粗加工走刀路线如图4-40(a)所示。精加工走刀路线如图4-40(b)所示。

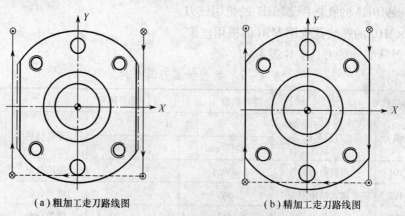

(a)粗加工走刀路线图　　(b)精加工走刀路线图

图4-40 铣削两侧面的走刀路线图

表 4-9 机械加工工艺过程卡

(工厂)	机械工艺过程卡		产品型号		零件图号			共1页	第1页
			产品名称		零件名称	端盖			
材料牌号	45#	毛坯种类	棒料	毛坯外型尺寸	φ105mm×35mm	每毛坯可制件数		每台件数	1		
工序号	工序名称	工序内容			车间	工段	设备	工艺装备	备注	工时/min
										准终	单件
1	下料	棒料 φ105×35			下料车间		锯床				
2	数控车	平端面并加工 φ100 长 15 的外圆轴 调头,加工 φ60h7 的外圆并保证总长 30; 加工 φ28h8 的内通孔			数车车间		CAK6140	三爪卡盘			
3	数控铣	镗 φ40h8 长 15 的孔;加工长 80 的两侧面;加工 2×φ10h7 的孔;加工 4×M10 的螺纹孔			数铣车间		KV650	三爪卡盘			
4	钳	去毛刺,倒钝									
5	检验	按图样检查各尺寸及精度									
6	入库	油封入库									
							设计 (日期)	审核 (日期)	标准化 (日期)	会签 (日期)
标记	处数	更改文件号	签字	日期	标记	处数	更改文件号	签字	日期		
描图											
描校											
底图号											
装订号											

表 4–10 数控加工工序卡

(工厂)		数控加工工序卡		产品型号		零件图号			共 2 页	第 1 页
				产品名称		零件名称	端盖	材料牌号	45钢	
				车间		工序号	3	每台件数		
				数铣车间		工序名称	数控铣削			
				毛坯种类		毛坯外形尺寸	φ105×35	每毛坯可制件数	1	同时加工件数
				棒料		设备型号	Kv650	设备编号		
				设备名称				夹具名称	三爪卡盘	切削液 水溶液
				数控铣床				工位器具名称		
				夹具编号		工位器具编号				工序工时 单件
工步号	工步名称			主轴转速/(r/min)	切削速度/(m/min)	进给量/(mm/min)	背吃刀量/mm	工艺装备	进给次数	准终 单件
1	粗铣φ40h8 到 φ39.8 mm			1000	120	50				
2	精铣φ40h8 至要求			1400	180	40				
3	粗铣长 80 的两侧面至 81.6mm			2000	80	400				
4	精铣长 80 的两侧面至要求			2800	100	280				
5	钻2×φ10H7,4×M10 的中心孔			2100	20	100				
								设计(日期)	审核(日期)	标准化(日期)	会签(日期)
描图										
描校										
底图号										
装订号	标记	处数	更改文件号	签字	日期	标记	处数	更改文件号	签字	日期

（续）

(工厂)	数控加工工序卡	产品型号		零件图号			共 2 页	第 2 页
		产品名称		零件名称	端盖		材料牌号	45 钢
		车间	数控车间	工序号	3	工序名称	数控铣削	每台件数
		毛坯种类	棒料	毛坯外形尺寸	φ105×35	每毛坯可制件数	1	同时加工件数
		设备名称	数控铣床	设备型号	Kv650	设备编号		切削液 水溶液
		夹具编号		夹具名称	三爪卡盘	工位器具名称		工序工时 准终 单件

A—A 视图

工步号	工步名称	工艺装备	主轴转速 /(r/min)	切削速度 /(m/min)	进给量 /(mm/min)	背吃刀量 /mm	进给次数	机动 单件
6	钻 2×φ10H7,4×M10 的底孔,底孔为 φ8.4 mm		750	20	100			
7	扩 2×φ10H7 的孔至 φ9.8 mm		650	20	90			
8	铰 2×φ10H7 的孔至要求		200	6	60			
9	攻 4×M10 的螺纹		200	6				

			设计 (日期)	审核 (日期)	标准化 (日期)	会签 (日期)

描图							
描校							
底图号							
装订号	标记	处数	更改文件号	签字	日期	标记 处数 更改文件号 签字 日期

151

端盖零件孔加工中 2×φ10H7、4×M10 钻中心孔与底孔时的加工顺序如图 4-41(a) 所示。攻 4×M10 的螺纹时加工顺序如图 4-41(b) 所示。

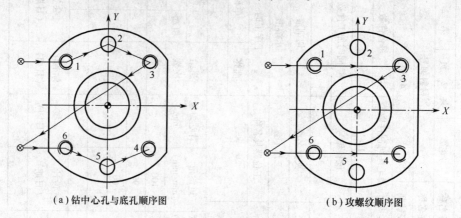

(a) 钻中心孔与底孔顺序图　　　　　(b) 攻螺纹顺序图

图 4-41　孔加工顺序图

2. 数控加工程序编制

1) 粗镗 φ40H8 的孔至 φ39.8mm 程序

O0001；	程序名
G90 G17 G80 G21 G49 G69 G40；	程序保护头
G54 G00 X0 Y0；	
G43 Z100.0 H01；	
M03 S1000 M08；	
G98 G86 X0 Y0 Z-15.0 R5.0 P2 F50；	
G80 M09；	
G91 G28 Z0；	
M30；	

2) 精镗 φ40H8 孔程序

O0002；	程序名
G90 G17 G80 G21 G49 G69 G40；	程序保护头
G54 G00 X0 Y0；	
G43 Z100.0 H01；	
M03 S1400 M08；	
G98 G76 X0 Y0 Z-15.0 R5.0 Q0.1 F40；	
G80 M09；	
G91 G28 Z0；	
M30；	

3) 粗铣长 80mm 侧面至 81.6mm 程序

O0003；	程序名
G90 G17 G80 G21 G49 G69 G40；	程序保护头
G54 G00 X40.0 Y65.0；	
G43 Z100.0 H01；	
M03 S2000 M08；	
Z10.0；	
G01 Z-16.0 F100；	
G41 Y55.0 D01 F400；	粗加工时，"D01"的值设定为"6.2"，预留余量单边 0.2mm
Y-55.0；	
G00 Z10.0；	
X-40.0；	
G01 Z-16.0 F100；	
Y55.0 F400；	
G40 Y65.0；	
G00 Z10.0 M09；	
G91 G28 Z0；	
M30；	

4) 精铣长 80mm 侧面程序

O0004；	程序名
G90 G17 G80 G21 G49 G69 G40；	程序保护头
G54 G00 X40.0 Y65.0；	
G43 Z100.0 H01；	
M03 S2800 M08；	
Z10.0；	
G01 Z-16.0 F100；	
G41 Y55.0 D01 F280；	精加工时，"D01"的值设定为"6.0"。此时假定刀具未磨损
Y-55.0；	
G00 Z10.0；	
X-40.0；	
G01 Z-16.0 F100；	
Y55.0 F280；	
G40 Y65.0；	
G00 Z10.0 M09；	
G91 G28 Z0；	
M30；	

5) 钻 2×φ10H7、4×M10 中心孔与底孔程序

O0005；	程序名
G90 G17 G80 G21 G49 G69 G40；	程序保护头
G54 G00 X40.0 Y65.0；	
G43 Z100.0 H01；	
M03 S2100 M08；	
G99 G81 X-28.28 Y28.28 Z-2.0 R5.0 F100；	
X0 Y40.0；	
X28.28 Y28.28；	
G00 X-35.0 Y-28.28；	
G99 G81 X-28.28 Y-28.28 Z-2.0 R5.0 F100；	
X0 Y-40.0；	
G98 X28.28 Y-28.28；	
G80 M09；	
G91 G28 Z0；	
M30；	

在用 φ8.4 的麻花钻钻底孔时，O0005 程序中"S2100" 改为"S750"，钻孔的"Z-2.0"改为"Z-18.0"。

6) 扩 2×φ10H7 的孔至 φ9.8mm 程序

O0006；	程序名
G90 G17 G80 G21 G49 G69 G40；	程序保护头
G54 G00 X0 Y50.0；	
G43 Z100.0 H01；	
M03 S650 M08；	
G99 G81 X0 Y40.0 Z-18.0 R5.0 F90；	
G98 X0 Y-40.0；	
G80 M09；	
G91 G28 Z0；	
M30；	

7) 铰 2×φ10H7 孔程序

O0002；	程序名
G90 G17 G80 G21 G49 G69 G40；	程序保护头
G54 G00 X0 Y50.0；	
G43 Z100.0 H01；	

(续)

M03 S200 M08;	
G99 G85 X0 Y40.0 Z-17.0 R5.0 F60;	
G98 X0 Y-40.0;	
G80 M09;	
G91 G28 Z0;	
M30;	

8）攻 4×M10 螺纹程序

O0002;	程序名
G90 G17 G80 G21 G49 G69 G40;	程序保护头
G54 G00 X0 Y0;	
G43 Z100.0 H01;	
M03 S200 M08;	
G99 G84 X-28.28 Y28.28 Z-17.0 R5.0 F1.5;	
X28.28 Y28.28;	
G00 X-35.0 Y-28.28;	
G99 G84 X-28.28 Y-28.28 Z-17.0 R5.0 F1.5;	
G98 X28.28 Y-28.28;	
G80 M09;	
G91 G28 Z0;	
M30;	

4.4.3 注意事项与误差分析

1. 固定循环指令编程的注意事项

（1）为了提高加工效率，在指令固定循环前，应先使主轴旋转。

（2）由于固定循环是模态指令。因此，在固定循环有效期间，如果 X、Y、Z、R 地址中的任意一个被改变，就要进行一次孔加工。

（3）固定循环程序段中，如在不需要指令的固定循环下指令了孔加工数据 Q、P，它只作为模态数据进行存储，而无实际动作产生。

（4）使用具有主轴自动启动的固定循环指令（G74、G84、G86）时，如果孔的 XY 平面定位距离较短，或从起始点平面到 R 平面的距离较短，且需要连续加工，为了防止在进入孔加工动作时主轴不能达到指定的转速，应使用 G04 暂停指令进行延时。

（5）在固定循环方式中，刀具半径补偿功能无效。

2. 钻孔精度及误差分析

钻孔的精度及误差分析见表 4-11。

表 4-11 麻花钻钻孔中常见问题产生原因和解决方法

问题内容	产生原因	解决方法
孔径增大、误差大	(1) 钻头左、右切削刃不对称,摆差大; (2) 钻头横刃太长; (3) 钻头刃口崩刃; (4) 钻头刃带上有积屑瘤; (5) 钻头弯曲; (6) 进给量太大; (7) 钻床主轴摆差大或松动	(1) 刃磨时保证钻头左、右切削刃对称,将摆差控制在允许范围内; (2) 修磨横刃,减小横刃长度; (3) 及时发现崩刃情况,并更换钻头; (4) 将刃带上的积屑瘤用油石修整到合格; (5) 校直或更换; (6) 降低进给量; (7) 及时调整和维修钻床
孔径小	(1) 钻头刃带已严重磨损; (2) 钻出的孔不圆	(1) 更换合格钻头; (2) 见第三项的解决办法
钻孔时产生振动或孔不圆	(1) 钻头后角太大; (2) 无导向套或导向套与钻头配合间隙过大; (3) 钻头左、右切削刃不对称,摆差大; (4) 主轴轴承松动; (5) 工件夹紧不牢; (6) 工件表面不平整,有气孔砂眼; (7) 工件内部有缺口、交叉孔	(1) 减小钻头的后角; (2) 钻杆伸出过长时必须有导向套,采用合适间隙的导向套或先打中心孔再钻孔; (3) 刃磨时保证钻头左、右切削刃对称,将摆差控制在允许范围内; (4) 调整或更换轴承; (5) 改进夹具与定位装置; (6) 更换合格毛坯; (7) 改变工序顺序或改变工件结构
孔位超差,孔歪斜	(1) 钻头的钻尖已磨钝; (2) 钻头左、右切削刃不对称,摆差大; (3) 钻头横刃太长; (4) 钻头与导向套配合间隙过大; (5) 主轴与导向套轴线不同轴,主轴与工作台面不垂直; (6) 钻头在切削时振动; (7) 工件表面不平整,有气孔砂眼; (8) 工件内部有缺口、交叉孔; (9) 导向套底端面与工件表面间的距离远,导向套长度短; (10) 工件夹紧不牢; (11) 工件表面倾斜; (12) 进给量不均匀;	(1) 重磨钻头; (2) 刃磨时保证钻头左、右切削刃对称,将摆差控制在允许范围内; (3) 修磨横刃,减小横刃长度; (4) 采用合适间隙的导向套; (5) 校正机床夹具位置,检查钻床主轴的垂直度; (6) 先打中心孔再钻孔,采用导向套或改为工件回转的方式; (7) 更换合毛坯; (8) 改变工序顺序或改变工件结构; (9) 加长导向套长度; (10) 改进夹具与定位装置; (11) 正确定位安装; (12) 使进给量均匀

(续)

问题内容	产生原因	解决方法
钻头折断	(1)切削用量选择不当; (2)钻头崩刃; (3)钻头横刃太长; (4)钻头已钝,刃带严重磨损呈正锥形; (5)导向套底端面与工件表面间的距离太近,排屑困难; (6)切削液供应不足; (7)切屑堵塞钻头的螺旋槽,或切屑卷在钻头上,使切屑液不能进入孔内; (8)导向套磨损成倒锥形,退刀时,钻屑夹在钻头与导向套之间; (9)快速行程终了位置距工件太近,快速行程转向工件进给时误差大; (10)孔钻通时,由于进给阻力迅速下降而进给量突然增加; (11)工件或夹具刚性不足,钻通时弹性恢复,使进给量突然增加; (12)进给丝杠磨损,动力头重锤重量不足。动力液压缸反压力不足,当孔钻通时,动力头自动下落,使进给量增大; (13)钻铸件时遇到缩孔; (14)锥柄扁尾折断	(1)减小进给量和切削速度; (2)及时发现崩刃情况,当加工较硬的钢件时,后角要适当减小; (3)修磨横刃,减小横刃长度; (4)及时更换钻头,刃磨时将磨损部分全部磨掉; (5)加大导向套与工件间的距离; (6)切削液喷嘴对准加工孔口,加大切削液流量; (7)减小切削速度、进给量;采用断屑措施;或采用分级进给方式,使钻头退出数次; (8)及时更换导向套; (9)增加工作行程距离; (10)修磨钻头顶角,尽可能降低钻孔轴向力;孔将要钻通时,改为手动进给,并控制进给量; (11)减少机床、工件、夹具的弹性变形;改进夹具定位,增加工件、夹具刚性;增加二次进给; (12)及时维修机床,增加动力头重锤重量;增加二次进给; (13)对估计有缩孔的铸件要减少进给量; (14)更换钻头,并注意擦净锥柄油污
钻头寿命低	(1)同"钻头折断一项中"(1)、(3)、(4)、(5)、(6)、(7); (2)钻头切削部分几何形状与所加工的材料不适应; (3)其他	(1)同"钻头折断一项中"(1)、(3)、(4)、(5)、(6)、(7); (2)加工铜件时,钻头应选用较小后角,避免钻头自动钻入工件,使进给量突然增加;加工低碳钢时,可适当增大后角,以增加钻头寿命;加工较硬的钢材时,可采用双重钻头顶角,开分屑槽或修磨横刃等,以增加钻头寿命; (3)改用新型适用高速钢(铝高速钢、钴高速钢)钻头或采用涂层刀具;消除加工件的夹砂、硬点等不正常情况
孔壁表面粗糙	(1)钻头不锋利; (2)后角太大; (3)进给量太大; (4)切屑液供给不足,切削液性能差; (5)切屑堵塞钻头的螺旋槽; (6)夹具刚性不够; (7)工件材料硬度过低	(1)将钻头磨锋利; (2)采用适当后角; (3)减小进给量; (4)加大切削液流量,选择性能好的切屑液; (5)见"钻头折断一项中"(7); (6)改进夹具; (7)增加热处理工序,适当提高工件硬度

3. 锪孔的误差分析

钻孔的精度及误差分析见表 4-12。

表 4-12 锪孔中常见问题产生原因和解决方法

问题内容	产 生 原 因	解 决 方 法
锥面、平面呈多角形	(1) 前角太大,有扎刀现象; (2) 锪削速度太高; (3) 切削液选择不当; (4) 工件或刀具装夹不牢固; (5) 锪钻切削刃不对称	(1) 减小前角; (2) 降低锪削速度; (3) 合理选择切削液; (4) 重新装夹工件和刀具; (5) 正确刃磨
平面呈凹凸形	锪钻切削刃与刀杆旋转轴线不垂直	正确刃磨和安装锪钻
表面粗糙度差	(1) 锪钻几何参数不合理; (2) 切削液选用不当; (3) 刀具磨损	(1) 正确刃磨; (2) 合理选择切削液; (3) 重新刃磨

4. 铰孔精度及误差分析

铰孔的精度及误差分析见表 4-13。

表 4-13 铰孔的精度及误差分析表

出现问题	产 生 原 因
孔径扩大	铰孔中心与底孔中心不一致
	进给量或铰削余量过大
	切削速度太高,铰刀热膨胀
	切削液选用不当或没加切削液
孔径缩小	铰刀磨损或铰刀已钝
	铰铸铁时
孔呈多边形	铰削余量太大,铰刀振动
	铰孔前钻孔不圆
表面粗糙度不符合要求	铰孔余量太大或太小
	铰刀切削刃不锋利
	切削液选用不当或未加切削液
	切削速度过大,产生积屑瘤
	孔加工固定循环选择不合理,进、退刀方式不合理
	容屑槽内切屑堵塞

5. 镗孔精度及误差分析

镗孔的精度及误差分析见表 4-14。

表4-14 镗孔精度及误差分析表

出现问题	产 生 原 因
表面粗糙度不符合要求	镗刀刀尖角或刀尖圆弧太小
	进给量过大或切削液使用不当
	工件装夹不牢固,加工过程中工件松动或振动
	镗刀刀杆刚性差,加工过程中产生振动
	精加工时采用不合适的镗孔固定循环指令,进、退刀时划伤工件表面
孔径超差或孔呈锥形	镗刀回转半径调整不当,与所加工孔直径不符
	测量不正确
	镗刀在加工过程中磨损
	镗刀刚性不足,镗刀偏刃
	镗刀刀头锁紧不牢固
孔轴线与基准面不垂直	工件装夹与找正不正确
	工件定位基准选择不当

6. 攻螺纹误差分析

攻螺纹误差分析见表4-15。

表4-15 攻螺纹误差分析表

出现问题	产 生 原 因
螺纹乱牙或滑牙	丝锥夹紧不牢固,造成乱牙
	攻不通孔螺纹时,固定循环中的孔底平面选择过深
	切屑堵塞,没有及时清理
	固定循环程序选择不合理
丝锥折断	底孔直径太小
	底孔中心与攻螺纹主轴中心不重合
	攻螺纹夹头选择不合理,没有选择浮动夹头
尺寸不正确或螺纹不完整	丝锥磨损
	底孔直径太大,造成螺纹不完整
表面粗糙度不符合要求	转速太快,导致进给速度太快
	切削液选择不当或使用不合理
	切屑堵塞,没有及时清理
	丝锥磨损

4.5 项目训练

1. 编写如图 4-42 所示的型腔及孔加工程序。
2. 编写如图 4-43 所示的孔加工程序。

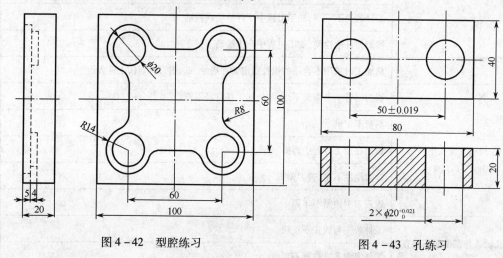

图 4-42 型腔练习　　　　　图 4-43 孔练习

3. 编写如图 4-44 所示的零件的加工程序。

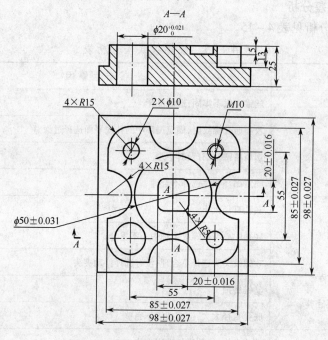

图 4-44 综合练习 1

4. 编写如图 4-45 所示的零件的加工程序。
5. 编写如图 4-46 所示零件的程序。
6. 编写如图 4-47 所示零件的程序。

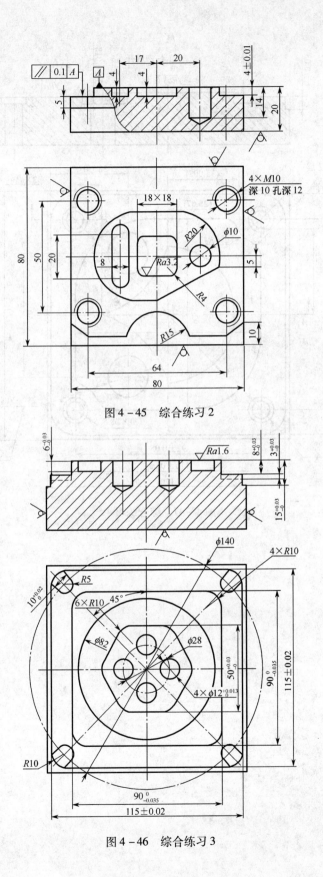

图 4-45 综合练习 2

图 4-46 综合练习 3

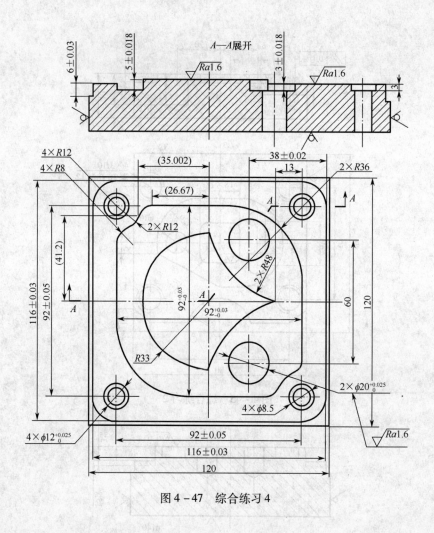

图 4-47 综合练习 4

学习情境 5 坐标变换编程

5.1 任务目标

知识点
- 极坐标与局部坐标编程指令
- 比例缩放与坐标镜像编程指令
- 坐标系旋转编程指令

技能点
- 采用极坐标与局部坐标编程指令编写数控铣削加工程序
- 采用比例缩放与坐标镜像编程指令编写数控铣削加工程序
- 采用坐标系旋转编程指令编写数控铣削加工程序

5.2 任务引入

编写如图 5-1 所示端盖零件的加工程序(该零件为小批量生产,毛坯尺寸为 120mm×

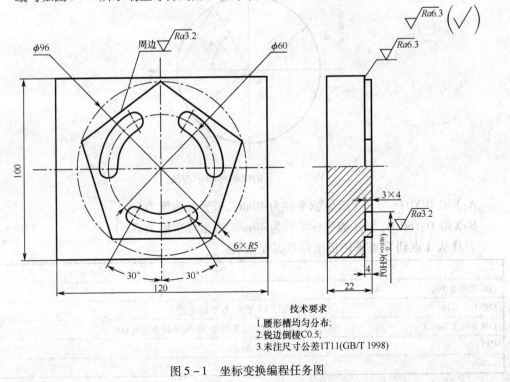

图 5-1 坐标变换编程任务图

100mm×25mm,材料为45钢)。

5.3 相关知识

5.3.1 极坐标与局部坐标编程

1. 极坐标编程

1)极坐标指令

(1)极坐标系生效指令:G16。

(2)极坐标系取消指令:G15。

2)指令说明

当使用极坐标指令后,坐标值以极坐标方式指定,即以极坐标半径和极坐标角度来确定点的位置。

(1)极坐标半径。当使用 G17、G18、G19 指令选择好加工平面后,用所选平面的第一轴地址来指定,该值用正值表示。

(2)极坐标角度。用所选平面的第二坐标地址来指定极坐标角度,极坐标的零度方向为第一坐标轴的正方向,逆时针方向为角度方向的正向。

[例 5-1] 如图 5-2 所示,在 XY(G17)加工平面内,A、B 两点采用极坐标方式,可描述为:

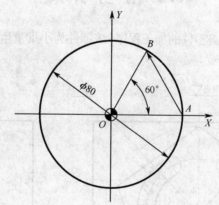

图 5-2 点的极坐标表示方法

A:X40.0 Y0; (极坐标半径为 40mm,极坐标角度为 0°)

B:X40.0 Y60.0; (极坐标半径为 40mm,极坐标角度为 60°)

刀具从 A 点到 B 点采用极坐标系编程如下:

……	
G00 X50.0 Y0;	
G90 G17 G16;	选择 XY 平面,极坐标生效
G01 X40.0 Y60.0;	终点极坐标半径为 40,极坐标角度为 60°
G15;	取消极坐标
……	

3）极坐标系原点

极坐标系原点指定方式有两种，一种是以工件坐标系的零点作为极坐标系原点；另一种是以刀具当前的位置作为极坐标系原点。

（1）以工件坐标系零点作为极坐标系原点。当以工件坐标系零点作为极坐标系原点时，用绝对值编程方式来指定，如程序段"G90G17G16；"。

极坐标半径值是指程序段终点坐标到工件坐标系原点的距离，极坐标角度是指程序段终点坐标与工件坐标系原点的连线与 X 轴的夹角，如图 5-3 所示。

（2）以刀具当前点作为极坐标系原点。当以刀具当前位置作为极坐标系原点时，用增量值编程方式来指定，如程序段"G91G17G16；"。

极坐标半径值是指程序段终点坐标到刀具当前位置的距离，角度值是指前一坐标系原点与当前极坐标系原点的连线与当前轨迹的夹角。

如图 5-4 所示，当前刀具位于 A 点，并以刀具当前点作为极坐标系原点时，极坐标系之前的坐标系为工件坐标系，原点为 O 点。这时，极坐标半径为当前工件坐标系原点到轨迹终点的距离（AB 线段的长度）；极坐标角度为前一坐标原点 O 与当前极坐标系原点 A 的连线与当前轨迹线 AB 的夹角（即线段 OA 与线段 AB 的夹角）。图中 BC 段编程时，B 点为当前极坐标系原点，角度与半径的确定与 AB 段类似。

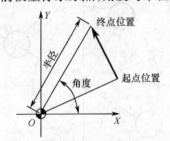

图 5-3 以工件坐标系原点作为极坐标系原点

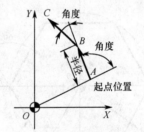

图 5-4 以刀具当前点作为极坐标系原点

4）极坐标的应用与编程实例

采用极坐标系编程，有时可大大减少编程时计算的工作量。因此，在数控铣床、加工中心的编程中得到广泛应用。通常情况下，图样尺寸以半径与角度形式标注的零件（如图 5-5 所示正多边形外形铣）以及圆周分布的孔类零件（如图 5-6 所示法兰类零件），采用极坐标编程较为合适。

［例 5-2］试用极坐标编程方式编写如图 5-5 所示正六边形外形铣削的刀具轨迹，Z 向切削深度为 2mm。

O0001；	
G90 G80 G40 G21 G17 G15 G94；	
G54 G00 X50.0 Y-50；	刀具定位于 FA 轮廓线的延长线上
G43 Z100.0 H01；	建立刀具长度正补偿
M03 S500；	
G00 Z5.0；	

（续）

G01 Z-2.0 F100;	
G41 G01 X35.0 Y-43.3 D01;	建立刀具半径左补偿
G90 G17 G16;	设定工件坐标系原点为极坐标系原点
G01 X50.0 Y240.0;	极坐标半径为50.0,极坐标角度为240°,铣削到 F 点
Y180.0;	铣削到 E 点
Y120.0;	铣削到 D 点
Y60.0;	铣削到 C 点
Y0;	铣削到 B 点
X50.0 Y-60.0;	铣削到 BA 轮廓线的延长线处
G15;	取消极坐标编程
G40 G01 X15.0 Y-60.0;	取消刀具半径补偿
G01 Z10.0 F500;	
G00 Z100.0;	
M30;	

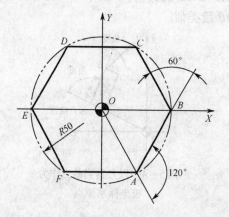

图 5-5 用极坐编程标加工正多边形外形

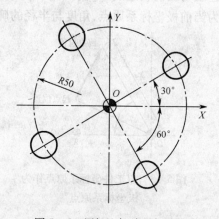

图 5-6 用极坐标编程加工孔

本例中,轮廓的角度也可采用增量方式编程。但应注意,此时的增量坐标编程仅为角度增量,而不是指以刀具当前点作为极坐标系原点进行编程。上述程序如采用 G91 增量方式编程,以刀具当前点作为极坐标系原点,则其编程如下：

O0002;	
G90 G15 G80 G40 G21 G17 G94;	
G54 G00 X50.0 Y-50.0;	
G43 Z100.0 H01;	
M03 S500;	
G01 Z-2.0 F100;	
G41 G01 X35.0 Y-43.3 D01;	建立刀具半径左补偿
G01 X25.0 Y-43.3;	刀具移至 A 点
G91 G17 G16;	设定刀具当前位置 A 点为极坐标系原点

166

（续）

G01 X50.0 Y-120.;	极坐标半径等于 AF 长为 50mm,极坐标角度为 OA 方向与 AF 方向的夹角为 -120°
X50.0 Y-60.0;	此时 A 点为极坐标系原点,极坐标半径等于 FE 长为 50mm,极坐标角度为 AF 方向与 FE 方向的夹角为 -60°
X50.0 Y-60.0;	铣削到 D 点
X50.0 Y-60.0;	铣削到 C 点
X50.0 Y-60.0;	铣削到 B 点
X60.0 Y-60.0;	铣削到 BA 轮廓线的延长线处
G15;	取消极坐标编程
G40 G01 X15.0 Y-60.0;	
Z10.0 F200;	
G00 Z100.0;	
M30;	

注意：以刀具当前点作为极坐标系原点进行编程时,情况较为复杂,且不易采用刀具半径补偿进行编程。所以,编程时应慎用。

[例 5-3] 用极坐标系编程方式编写如图 5-6 所示孔的加工程序,孔加工深度为 20mm。

O0003;		
……		
G90 G17 G16;		设定工件坐标系原点为极坐标系原点
G81 X50.0 Y30.0 Z-20.0 R5.0 F100;		钻孔
Y120.0;	或:G91Y90.0;	
Y210.0;	Y90.0;	
Y300.0;	Y90.0;	
G15 G80;		
……		

2. 局部坐标系编程

在数控编程中,为了方便编程,有时要给程序选择一个新的参考基准,通常是将工件坐标系偏移一个距离。在 FANUC 系统中,通过指令 G52 来实现。

1) 指令格式

（1）设定局部坐标系：G52X_Y_Z_;

（2）取消局部坐标系：G52X0Y0Z0;

2) 指令说明

G52——设定局部坐标系。该坐标系的参考基准是当前设定的有效工件坐标系原点,即使用 G54~G59 设定的工件坐标系。

X、Y、Z——局部坐标系的原点在原工件坐标系中的位置。该值用绝对坐标值进行指定。

当 X、Y、Z 坐标值取零时,表示取消局部坐标,其实质是将局部坐标系仍设定在原工件坐标系原点处。

[例 5-4] G54;
G52 X20.0 Y10.0;

表示在 G54 指令工件坐标系中设定一个新的工件坐标系,该坐标系位于原工件坐标系 XY 平面的(20.0,10.0)位置,如图 5-7 所示。

3) 编程实例

[例 5-5] 试用局部坐标系及子程序调用指令来编写图 5-8 所示工件的加工程序,该外形轮廓的加工子程序为 O200。

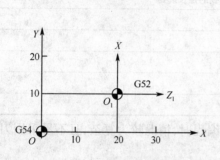

图 5-7 设定局部坐标系

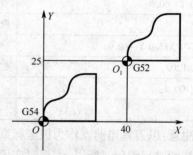

图 5-8 局部坐标系编程实例

O0010;	
G90 G80 G40 G21 G17 G94;	
......	
M03 S600;	
G00 X0 Y-20.0;	将刀具移至轮廓线外,准备建立刀具半径补偿
M98 P200;	在 G54 坐标系中建立刀具半径补偿加工第一个轮廓
G52 X40.0 Y25.0;	设定局部坐标系,局部坐标系原点为 O1
G00 X0 Y-20.0;	将刀具移至轮廓线外,准备建立刀具半径补偿
M98 P200;	在局部坐标系中建立刀具半径补偿加工第二个相同轮廓
G52 X0 Y0;	取消局部坐标系
......	

5.3.2 比例缩放与坐标镜像编程

1. 比例缩放

在数控编程中,有时在对应坐标轴上的值是按固定的比例系数进行放大或缩小的,这时,为了编程方便,可采用比例缩放指令来进行编程。

1) 指令格式

(1) 设置比例缩放指令格式一:

G51 X_ Y_ Z_ P_;

其中:G51 为比例缩放生效;X、Y、Z 为比例缩放中心的绝对坐标值;P 为缩放比例系数,不能用小数点指定该值,"P2000"表示缩放比例为 2 倍。

[例5-6] G51 X10.0 Y20.0 P1500；

该程序段只有 X、Y，没有 Z，表示在 X、Y 轴上进行比例缩放，而在 Z 轴上不进行比例缩放。表示在 X、Y 轴上进行比例缩放，缩放中心在坐标(10.0,20.0)处，缩放比例为1.5倍。

如果省略了 X、Y、Z，则 G51 指定刀具的当前位置作为缩放中心。

(2) 设置比例缩放指令格式二：

G51 X_Y_Z_I_J_K_；

其中：X、Y、Z 为比例缩放中心的绝对坐标值。I、J、K 为分别用于指定 X、Y、Z 轴方向上的缩放比例。I、J、K 可以指定不相等的参数，表示该指令允许沿不同的坐标方向进行不等比例缩放。

[例5-7] G51 X10.0 Y20.0 Z0 I1.5 J2.0 K1.0；

表示以坐标点(10,20,0)为中心进行比例缩放，在 X 轴方向的缩放倍数为1.5倍，在 Y 轴方向上的缩放倍数为2倍，在 Z 轴方向则保持原比例不变。

(3) 取消缩放指令：G50；

2) 比例缩放编程实例

[例5-8] 如图5-9所示，将外轮廓轨迹 ABCDE 以原点为中心在 XY 平面内进行等比例缩放，缩放比例为2.0，试编写其加工程序。

O0004；	
G90 G80 G40 G21 G17 G50 G94；	
G54 G00 X-50.0 Y-50.0；	刀具位于缩放后工件轮廓外侧
G43 Z100.0 H01；	
M03 S800；	
G00 Z5.0；	
G01 Z-2.0 F100；	
G51 X0 Y0 P2000；	在 XY 平面内进行缩放，缩放比例相同，为2.0倍
G41 G01 X-20.0 Y-30.0 D01；	在比例缩放编程中建立刀具半径补偿
Y0；	以原轮廓尺寸编程，但刀具加工轨迹为缩放后轨迹
G02 X0 Y20.0 R20.0；	缩放后，圆弧实际加工半径为 R40
G01 X20.0；	
Y-20.0；	
X-30.0；	
G40 X-25.0 Y-25.0；	取消刀具半径补偿
G50；	取消比例缩放
Z10.0 F200；	
G49 G91 G28 Z0；	
M30；	

[例5-9] 如图5-10所示，将外轮廓轨迹 ABCD 以(-40,-20)为中心在 XY 平面

内进行不等比例缩放,X 轴方向的缩放比例为 1.5,Y 轴方向的缩放比例为 2.0,试编写其加工程序。

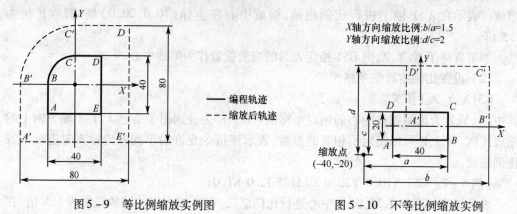

图 5-9 等比例缩放实例图　　　　　　图 5-10 不等比例缩放实例

O0005;	
……	
G00 X30.0 Y-20.0;	
G01 Z-2.0 F100;	
G51 X-40.0 Y-20.0 I1.5 J2.0;	在 XY 平面内进行不等比例缩放
G41 G01 X25.0 Y-10.0 D01;	以原轮廓轨迹编程,建立刀补到达 AB 线延长线处
X-20.0;	铣削到 A 点
Y10.0;	铣削到 D 点
X20.0;	铣削到 C 点
Y-20.0;	铣削到 CB 线延长线处
G40 Y-40.0;	
G50;	取消缩放
……	

3) 比例缩放编程说明

(1) 比例缩放中的刀具半径补偿问题。在编写比例缩放程序过程中,要特别注意建立刀补程序段的位置,通常,刀补程序段应写在缩放程序段内。即为:

G51 X_Y_Z_P_;

G41 G01... D01 F100;

如果执行以下程序则会产生机床报警:

G41 G01... D01 F100;

G51 X_Y_Z_P_;

比例缩放对于刀具半径补偿值、刀具长度补偿值及工件坐标系零点偏移值无效。

(2) 比例缩放中的圆弧插补。在比例缩放中进行圆弧插补,如果进行等比例缩放,则圆弧半径也相应缩放相同的比例;如果指定不同的缩放比例,则刀具不会走出相应的椭圆轨迹,仍将进行圆弧的插补,圆弧的半径根据 I、J 中的较大值进行缩放。

如图 5-11 所示轮廓外形,根据下列程序进行比例缩放,圆弧插补的起点与终点坐标均以 I、K 值进行不等比例缩放,而半径尺则以 I、K 中的较大值 20 进行缩放,缩放后的半径为 R20。此时,圆弧在 B'和 C'点处不再相切,而是相交,因此要特别注意比例缩放中的圆弧插补。

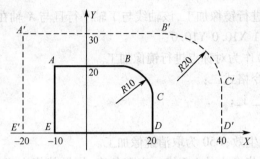

图 5-11 比例缩放中的圆弧插补

……	
G51 X0 Y0 I2.0 J1.5;	在 XY 平面内进行不等比例缩放
G41 G01 X-10.0 Y20.0 D01;	
X10.0 F100.0;	
G02 X20.0 Y10.0 R10.0;	缩放后,圆弧实际加工半径为 R20
……	

(3) 比例缩放的注意事项。

① 比例缩放的简化形式。如将比例缩放程序"G51 X_ Y_ Z_ P_;"或"G51 X_ Y_ Z_ I_ J_ K_;"简写成"G51;",则缩放比例由机床系统参数决定,具体值请查阅机床有关参数表,而缩放中心则指刀具刀位点所处的当前位置。

② 比例缩放对固定循环中 Q 值与 d 值无效。在比例缩放过程中,有时我们不希望进行 Z 轴方向的比例缩放,这时可修改系统参数,以禁止在 Z 轴方向上进行比例缩放。

③ 比例缩放对工件坐标系零点偏移值和刀具补偿值无效。

④ 在比例缩放状态下,不能指定返回参考点的 G 指令(G27-G30),也不能指定坐标系设定指令(C52~G59,G92)。若一定要指令这些 G 代码,应在取消缩放功能后指定。

2. 坐标镜像编程

使用坐标镜像编程指令可实现沿某一坐标轴或某一坐标点的对称加工。在一些老的数控系统中通常采用 M 指令来实现镜像加工,在 FANUC-0i 及更新版本的数控系统中则采用 G5l 或 G51.1 来实现镜像编程。

1) 指令格式

(1) 坐标镜像指令格式一:

G17G51.1X_Y_;

G50.1;

其中:G51.1 为设置镜像加工;G50.1 为取消镜像加工;X、Y、为用于指定对称轴或对称点。

当 G51.1 指令后仅有一个坐标字时,该镜像加工指令是以某一坐标轴为镜像轴。当

G51.1 指令中同时有 X 和 Y 坐标字时,表示该镜像加工指令是以某一点作为对称点进行镜像加工。

[例 5-10] G51.1 X10.0;

表示沿某一轴线进行镜像加工,该轴线与 Y 轴平行且与 X 轴在 X=10.0 处相交。

[例 5-11] G51.1 X10.0 Y10.0;

表示以点(10,10)作为对称点进行镜像加工。

(2) 坐标镜像指令格式二:

G17 G51 X_ Y_ I_ J_;

G50;

其中:G51 为镜像加工生效;G50 为取消镜像加工。

使用这种格式时,指令中的 I、J 值一定有负值,如果其值为正值,则该指令变成了缩放指令。另外,如果 I、J 值虽是负值但不等于 -1,则执行该指令时,既进行镜像加工,又进行缩放。

[例 5-12] G17 G51 X10.0 Y10.0 I-1.0 J-1.0;

执行该指令时,程序以坐标点(10.0,10.0)进行镜像加工,不进行缩放。

[例 5-13] G17 G51 X10.0 Y10.0 I-2.0 J-1.5;

执行该指令时,程序在以坐标点(10.0,10.0)进行镜像加工的同时,还要进行比例缩放,其中,X 轴方向的缩放比例为 2.0,而 Y 轴方向的缩放比例为 1.5。

2) 坐标镜像编程实例

[例 5-14] 试用镜像加工指令编写图 5-12 所示轨迹程序(切深 2mm)。

O0007;	主程序
G90 G80 G40 G21 G17 G94 G50;	
G54 G00 X60.0 Y50.0;	刀具定位于轮廓外侧的 O_1 点
M03 S800;	
G43 Z100.0 H01;	
G00 Z10.0;	
M98 P700;	调用子程序加工轨迹 A
G51 X60.0 Y50.0 I1.0 J-1.0;	以 O_1 作为对称点镜像加工
M98 P700;	调用子程序加工轨迹 B
G50;	取消镜像加工
G51 X60.0 Y50.0 I-1.0 J-1.0;	以 O_1 作为对称点进行坐标镜像
M98 P700;	调用子程序加工轨迹 C
G50;	取消镜像加工
G51 X60.0 Y50.0 I-1.0 J1.0;	以 O_1 作为对称点进行坐标镜像
M98 P700;	调用子程序加工轨迹 D
G50;	取消镜像加工

(续)

G49 G91 G28 Z0;	
M30;	

O700;	子程序
G01 Z-2.0 F100.0;	
G41 G01 X52.0 Y60.0 D01;	建立刀补到达轮廓线延长线处
X5.0;	
Y80.0;	
X10.0;	
G03 X30.0 R10.0;	
G02 X50.0 R10.0;	
G01 Y58.0;	
G40 G01 X60.0 Y50.0;	取消刀补并回到 O_1 点
G01 Z10 F200;	
M99;	

[例 5-15] 试编写如图 5-13 所示的镜像加工与缩放程序,镜像加工与缩放点为 (20,20), X 轴方向的缩放比例为 2.0, Y 轴方向的缩放比例为 1.5。

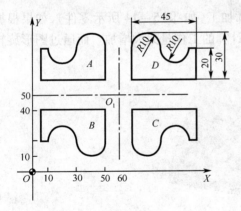

图 5-12 镜像加工编程实例

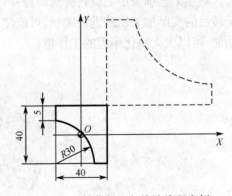

图 5-13 镜像加工与缩放编程实例

O0008;	
……	
G51 X20.0 Y20.0 I-2.0 J-1.5;	可编程镜像加工与缩放开始
G41 G01 X-30.0 Y20.0 F100 D01;	

173

(续)

X20.0;	
Y-20.0;	
X10.0;	
G03 X-20.0 Y10.0 R30.0;	
G01 Y20.0;	
G40 G01 X-30.0 Y30.0;	
G50;	取消可编程镜像加工与缩放
……	

3) 镜像加工编程的说明

(1) 在指定平面内执行镜像加工指令时,如果程序中有圆弧指令,则圆弧的旋转方向相反,即 G02 变成 G03,相应地,G03 变成 G02。

(2) 在指定平面内执行镜像加工指令时,如果程序中有刀具半径补偿指令,则刀具半径补偿的偏置方向相反,即 G41 变成 G42,相应地,G42 变成 G41。

(3) 在镜像指令中,返回参考点指令 G27、G28、G29、G30 和改变坐标系指令 G54~G59、G92 不能指定。如果要指定其中的某一个,则必须在取消镜像加工指令后指定。

(4) 在使用镜像加工指令时,由于数控镗、铣床的 Z 轴一般安装有刀具,所以,Z 轴一般都不进行镜像加工。

5.3.3 坐标系旋转编程

对于某些围绕中心旋转得到的特殊的轮廓加工(如:图 5-14 所示零件),如果根据旋转后的实际加工轨迹进行编程,可能使坐标计算的工作量大大增加。而通过图形旋转功能,可以大大简化编程的工作量。

图 5-14 坐标旋转编程任务图

1. 指令格式

G17 G68 X_ Y_ R_;

G69;

其中:G68 为坐标系旋转生效;G69 为坐标系旋转取消;X、Y 为用于指定坐标系旋转的中心;R 为用于指定坐标系旋转的角度。该角度一般取 -360°~360°,旋转角度的零度方向为第一坐标轴的正方向,逆时针方向为角度的正方向。不足1°的角度以小数点表示,如10°54′用10.9°表示。

[例5-16] G17 G68 X30.0 Y50.0 R45.0;

表示坐标系以坐标点(30,50)作为旋转中心,沿X轴逆时针旋转45°。

2. 坐标系旋转编程实例

[例5-17] 如图5-15所示的外形轮廓B,是外形轮廓A以坐标点M(-30,0)为旋转中心,沿X轴旋转80°所得,试编写轮廓B的加工程序。

O0009;	
G90 G80 G69 G40 G21 G17 G94;	
G54 G00 X0 Y-20.0;	
M03 S800;	
G43 Z100.0 H01;	
Z10.0;	
G01 Z-2.0 F100;	
G68 X-30.0 Y0 R80.0;	绕坐标点M进行坐标系旋转,旋转角度为80°
G41 G01 X-30.0 Y-10.0 D01 F100;	
Y0;	
G02 X30.0 R30.0;	
G02 X0 R15.0;	
G03 X-30.0 R15.0;	
G01 Y-10.0;	沿切线切出
G40 G01 X-40.0 Y-20.0;	
G69;	先取消刀补,再取消坐标系旋转
Z10.0 F200;	
G91 G28 Z0;	
M30;	

3. 坐标系旋转编程指令说明

(1) 在坐标系旋转取消指令G69以后的第一个移动指令必须用绝对值指定。如果采用增量值指令,则不执行正确的移动。

(2) CNC数据处理的顺序是:程序镜像→比例缩放→坐标系旋转→刀具半径补偿。所以在指定这些指令时,应按顺序指定;取消时,按相反顺序取消。在旋转指令或比例缩放指令中不能指定镜像指令,但在镜像指令中可以指定比例缩放指令或坐标系旋转指令。

[例5-18] 如图5-16所示外形轮廓C,是在外形轮廓A的基础上进行比例缩放和坐标系旋转获得的。外形轮廓A先执行比例缩放指令得外形轮廓B,X轴方向的比例为2.0,Y轴方同的比例为1.5。外形轮廓B再绕坐标点M旋转70°后得外形轮廓C。试编写外形轮廓C的加工程序。

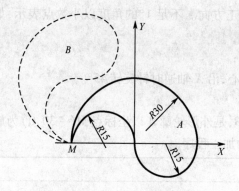
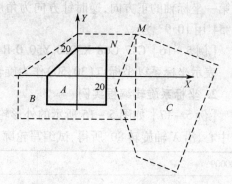

图 5-15 坐标系旋转编程实例　　图 5-16 比例缩放与坐标旋转综合实例

O0010;	
……	
G51 X0 Y0 I2.0 J1.5;	比例缩放,形成外形轮廓 B
G17 G68 X20.0 Y20.0 R70.0;	坐标系旋转,形成外形轮廓 C
G41 G01 X-20.0 Y20.0 F100 D01;	建立刀具半径补偿
X20.0;	
Y-20.0;	
X-20.0;	
Y0;	
X0 Y20.0;	
G40 X10.0 Y30.0;	取消刀具半径补偿
G69 G50;	取消坐标系旋转,取消比例缩放
……	

（3）在指定平面内执行镜像指令时,如果在镜像指令中有坐标系旋转指令,则坐标系旋转方向相反。即顺时针变成逆时针,相应地,逆时针变成顺时针。

（4）如果坐标系旋转指令前有比例缩放指令,则坐标系旋转中心也被缩放,但旋转角度不被比例缩放。如上例中的实际的旋转中心 M 点是由缩放前的 N 点经比例缩放后得到。

（5）在坐标系旋转指令中,返回参考点指令 G27、G28、G29、G30 和改变坐标系指令 G54~G59、G92 不能指定。如果要指定其中的某一个,则必须在取消坐标系旋转指令后指定。

5.4 任务实施

5.4.1 工艺分析

1. 零件图工艺分析

1）加工内容及技术要求

该零件主要加工内容为正五边形凸台、三个均匀分布的腰形槽及上、下表面以保证总高 22mm。

零件尺寸标注完整、无误,轮廓描述清晰,技术要求清楚明了。

零件毛坯为 120mm×100mm×25mm 的 45 钢,切削加工性能较好,无热处理要求。

正五边形凸台底面的粗糙度要求为 $Ra6.3$,五侧面的粗糙度要求为 $Ra3.2$;三个腰形槽的槽宽精度要求为 H9 级,侧面的粗糙度要求为 $Ra3.2$。

2)加工方法

该零件为小批量生产,兼顾精度与效率,上、下表面在普通铣床上加工,正五边形凸台、各腰形槽在数控铣床上加工。

2. 机床选择

根据零件的结构特点、加工要求及现有设备情况,普通铣床选用 X715 立式铣床,数控铣床选用配备有 FANUC-0i 系统的 KV650 数控铣床。

3. 装夹方案的确定

根据工艺分析,该零件在普通铣床及数控铣床上的装夹都采用平口虎钳。

在普通铣床上的装夹方法如图 5-17 所示,先以下表面为基准加工上表面,再翻面以上表面为基准加工下表面。

在数控铣床上加工的所有表面都能一次装夹完成,装夹方法如图 5-18 所示,以底面为定位基准,加工凸台及腰形槽。

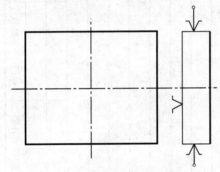
5-17 普通铣削装夹简图

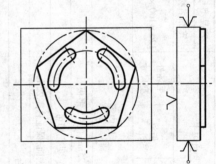
5-18 数控铣削装夹简图

4. 工艺过程卡片制定

根据以上分析,制定零件加工工艺过程卡如表 5-1 所示。(注:以下内容只分析数控铣削加工部分。)

5. 加工顺序的确定

加工时,先粗加工正五边形凸台及腰形槽,再精加工正五边形凸台及腰形槽。

6. 刀具与量具的确定

粗铣正五边形凸台选用 $\phi 20$ 的硬质合金平底立铣刀。

精铣正五边形凸台选用 $\phi 16$ 的硬质合金平底立铣刀。

粗铣三个 10mm 宽的腰形槽选用 $\phi 8$ 硬质合金键槽铣刀。

精铣三个 10mm 宽的腰形槽选用 $\phi 6$ 硬质合金平底立铣刀。

具体刀具型号见刀具卡片表 5-2。

表 5-1 机械加工工艺过程卡

(工厂)		机械工艺过程卡		产品型号		零件图号				共1页	
				产品名称		零件名称	端盖			第1页	
材料牌号	45#	毛坯种类	板材	毛坯外型尺寸	120×100×25	每毛坯可制件数	1	每台件数		备注	
工序号	工序名称	工序内容					车间	工段	设备	工艺装备	工时/min
											准终 单件
1	备料	备120mm×100mm×25mm的45钢板料							锯床		
2	普铣	铣定位基准面(底面),见光即可							普通铣床	平口虎钳	
3	数铣	以底面为基准,铣上表面,保证总高22mm 粗、精铣正五边形凸台 粗、精铣各腰形槽							数控铣床	平口虎钳	
3	钳工	去毛刺									
4	检验										
描图									设计(日期)	审核(日期)	标准化(日期) 会签(日期)
描校											
底图号											
装订号											
标记	处数	更改文件号	签字	日期	标记	处数	更改文件号	签字	日期		

该尺寸精度要求不高,采用游标卡尺测量即可。具体量具型号见量具卡片表5-3。

表5-2 数控加工刀具卡片

产品名称或代号			零件名称		零件图号		
工步号	刀具号	刀具名称	刀具		刀具材料	备注	
			直径/mm	长度/mm			
1	T01	平底立铣刀	φ20		硬质合金		
2	T02	键槽立铣刀	φ8		硬质合金		
3	T03	平底立铣刀	φ16		硬质合金		
4	T04	平底立铣刀	φ6		硬质合金		
编 制		审 核		批 准		共 页	第 页

表5-3 量具卡片

产品名称或代号		零件名称		零件图号		
序号	量具名称	量具规格		精度	数量	
1	游标卡尺	0~150mm		0.02mm	1把	
编 制		审 核		批 准	共 页	第 页

7. 数控铣削加工工序卡片

制定零件数控铣削加工工序卡如表5-4所示。

5.4.2 确定走刀路线及数控加工程序编制

1. 确定走刀路线

粗、精铣正五边形凸台时刀具走刀路线分别如图5-19、图5-20所示。

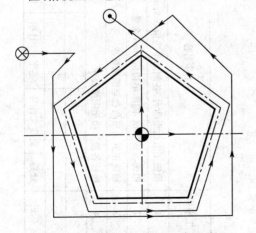

图5-19 粗铣正五边形凸台刀路

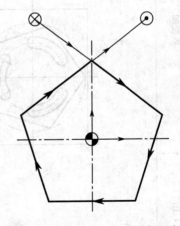

图5-20 精铣正五边形凸台刀路

粗、精铣腰形槽时刀具走刀路线分别如图5-21、图5-22所示。

179

表 5-4 数控加工工序卡

(工厂)	数控加工工序卡		产品型号		零件图号			共1页	第1页
			产品名称		零件名称	端盖	材料牌号		45钢
			车间	工序号	工序名称				
				3	数铣				
			毛坯种类	毛坯外形尺寸	每毛坯可制件数		每台件数		
			板材	120×100×251					
			设备名称	设备型号	设备编号		同时加工件数		
			数控铣床	KV650					
			夹具编号		夹具名称		切削液		
					平口虎钳				
			工位器具编号		工位器具名称		工序工时		
							准终		单件
工步号	工步名称	工艺装备	主轴转速 /(r·min⁻¹)	切削速度 /(m·min⁻¹)	进给量 /mm	背吃刀量 /mm	进给次数		
1	粗铣正五边形凸台,各侧面单边留0.5mm余量	平口虎钳	1200	80	250	2	2		
2	粗铣各腰形槽,侧面单边留1mm余量	平口虎钳	2000	100	150	4	1		
3	精铣正五边形凸台至图纸要求	平口虎钳	2500	60	300	2	2		
4	精铣各腰形槽至图纸要求	平口虎钳	3500	70	200	4	1		
					设计(日期)	审核(日期)	标准化(日期)		会签(日期)
标记	处数	更改文件号	签字	日期	标记	处数	更改文件号	签字	日期
描图									
描校									
底图号									
装订号									

180

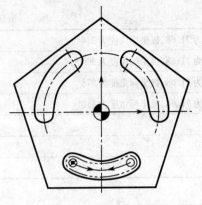

图 5-21 粗铣腰形槽刀路

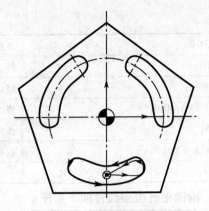

图 5-22 精铣腰形槽刀路

2. 编写加工程序

粗铣正五边形凸台加工程序：

O0001;	主程序
G90 G80 G40 G21 G17 G94;	
G43 G00 Z50.0 H01;	
G54 G00 X-75.0 Y50.0;	
M03 S1200;	
Z5.0;	
G01 Z0 F100;	
M98 P20002;	调用子程序分层粗铣正五边形凸台
G90 G01 Z5.0 F100;	
G00 Z100.0;	
G00 X0 Y0;	
G91 G28 Z0.0;	
M30;	

O0002;	子程序
G91 G01 Z-2.0 F100;	采用增量方式编程,控制每次铣削深度为2mm
G90 X-42.0 F250;	改用绝对坐标编程,开始正五边形粗加工
X-56.0 Y36.0;	
Y-50.0;	
X56.0;	
Y36.0;	
X30.0 Y62.0;	
X0 Y71.68;	
G16;	在 XY 平面极坐标生效
G01 X71.68 Y162.0;	终点极坐标半径为71.68,极坐标角度为162°

(续)

Y234.0;	终点极坐标半径为71.68,极坐标角度为234°
Y306;	终点极坐标半径为71.68,极坐标角度为306°
Y378.0;	终点极坐标半径为71.68,极坐标角度为378°
X71.68 Y450.0;	终点极坐标半径为71.68,极坐标角度为450°
G15;	极坐标取消
X-75.0 Y50.0;	返回起点
M99;	

精铣正五边形凸台加工程序：

O0003;	
G90 G80 G40 G21 G17 G94 G15;	
G43 G00 Z50.0 H01;	
G54 G00 X-28.0 Y68.0;	
M03 S2000;	
Z5.0;	
G01 Z-4.0 F100;	
G01 G41 X-15.3 Y59.1 D01 F150;	建立刀具半径左补偿
G16;	在XY平面极坐标生效
G01 X48.0 Y18.0 F150;	终点极坐标半径为48.0,极坐标角度为18°
Y-54.0;	终点极坐标半径为48.0,极坐标角度为-108°
Y-126.0;	终点极坐标半径为48.0,极坐标角度为180°
Y-198.0;	终点极坐标半径为48.0,极坐标角度为108°
Y-270.0;	终点极坐标半径为48.0,极坐标角度为36°
G15;	极坐标取消
G01 X15.3 Y59.1;	
G40 X28.0 Y68.0;	取消刀具半径补偿
G01 Z5.0 F100;	
G00 Z100.0;	
G00 X0 Y0;	
G91 G28 Z0.0;	
M30;	

粗铣三个腰形槽加工程序：

O0004;	主程序
G90 G80 G40 G21 G17 G94;	
G43 G00 Z50.0 H01;	
G54 G00 X0 Y0;	
M03 S2 500;	
Z5.0;	

(续)

M98 P5;	调用子程序粗铣第一个腰形槽
G68 X0 Y0 R120.0;	绕点(0,0)进行坐标系旋转,旋转角度为120°
M98 P5;	调用子程序粗铣第二个腰形槽
G69;	坐标系旋转取消
G68 X0 Y0 R240.0;	绕点(0,0)进行坐标系旋转,旋转角度为240°
M98 P5;	调用子程序粗铣第三个腰形槽
G69;	坐标系旋转取消
G00 Z100.0;	
G00 X0 Y0;	
G91 G28 Z0.0;	
M30;	

O0005;	子程序
G00 X-15.0 Y-25.98;	
G01 Z-2.0 F100;	
G03 X15.0 R30.0 F300;	粗铣腰形槽
G01 Z-4.0 F100;	
G02 X-15.0 R30.0 F300;	
Z5.0;	抬刀
M99;	

精铣三个腰形槽加工程序:

O0006;	主程序
G90 G80 G40 G21 G17 G94;	
G43 G00 Z50.0 H01;	
G54 G00 X0 Y0;	
M03 S3500;	
Z5.0;	
M98 P7;	调用子程序精铣第一个腰形槽
G68 X0 Y0 R120.0;	绕点(0,0)进行坐标系旋转,旋转角度为120°
M98 P7;	调用子程序精铣第二个腰形槽
G69;	坐标系旋转取消
G68 X0 Y0 R240.0;	绕点(0,0)进行坐标系旋转,旋转角度为240°
M98 P7;	调用子程序精铣第三个腰形槽
G69;	坐标系旋转取消
G00 Z100.0;	
G00 X0 Y0;	

（续）

G91 G28 Z0.0;	
M30;	

O0007;	子程序
G90 G00 X0 Y-30.0;	
G01 Z-4.0 F100;	
G41 G01 X17.5 Y-30.31 F200 D01;	建立刀具半径左补偿
G03 X12.5 Y-21.65 R5.0;	沿腰形槽外形轮廓精铣腰形槽
G02 X-12.5 Y-21.65 R25.0;	
G03 X-17.5 Y-30.31 R5.0;	
G03 X17.5 Y-30.31 R35.0;	
G03 X13.5 Y-23.38 R4.0;	
G40 G01 X0 Y-30.0;	取消刀具半径补偿
Z5.0 F100;	抬刀
M99;	

5.5 项目训练

1. 试编写如图5-23所示凸台的数控铣削加工程序。
2. 试编写如图5-24所示凸台与孔的加工程序。

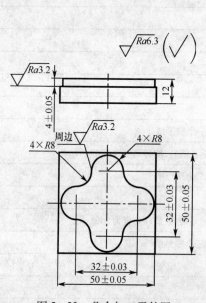

图5-23 凸台加工零件图

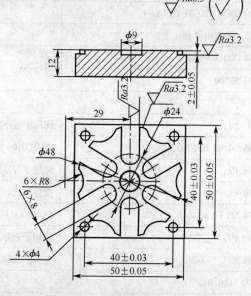

图5-24 凸台与孔加工零件图

3. 试编写如图 5-25 所示型腔的数控铣削加工程序。

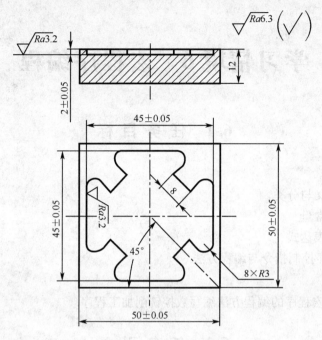

图 5-25 型腔加工零件图

4. 试编写如图 5-26 所示型腔的数控铣削加工程序。

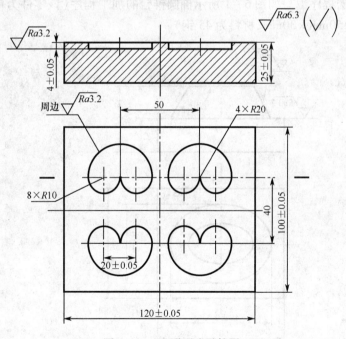

图 5-26 心形型腔零件图

学习情境6 宏程序编程

6.1 任务目标

知识点
- 宏程序定义与分类
- 宏变量及常量
- 运算符及表达式
- B 类宏程序控制指令与编程方法

技能点
- 使用 B 类宏程序的编程方法编写数控铣削加工程序

6.2 任务引入

采用 B 类宏程序编写如图 6-1 所示椭圆锥台的加工程序(该零件为单件生产,毛坯尺寸为 60mm×50mm×30mm,材料为 45 钢)。

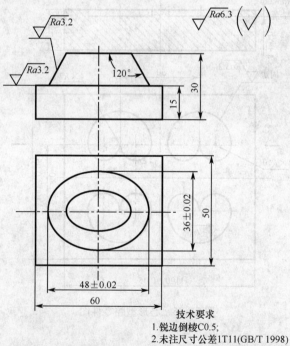

技术要求
1. 锐边倒棱C0.5;
2. 未注尺寸公差1T11(GB/T 1998)

图 6-1 椭圆锥台零件图

6.3 相 关 知 识

6.3.1 宏程序编程的使用

1. 宏程序定义与分类

1) 宏程序的定义

用户宏程序是数控系统的特殊编程功能。用户宏程序的实质与子程序相似,也是把一组实现某种功能的指令以子程序的形式预先存储在系统存储器中,通过宏程序调用指令执行这一功能。在主程序中,只要编入相应的调用指令就能实现这些功能。

一组以子程序的形式存储并带有变量的程序称为用户宏程序,简称宏程序。调用宏程序的指令称为用户宏程序指令,或宏程序调用指令(简称宏指令)。

宏程序与普通程序相比较,普通程序的程序字为常量,一个程序只能描述一个几何形状,所以缺乏灵活性和适用性。而在用户宏程序的本体中,可以使用变量进行编程,还可以用宏指令对这些变量进行赋值、运算等处理。通过使用宏程序能执行一些有规律变化(如非圆二次曲线轮廓)的动作。

2) 宏程序的分类

用户宏程序分为 A 类、B 类两种。

在一些较老的 FANUC 系统中(如 FANUC 0MD),系统面板上没有"+""-""×""/""=""[ ]"等符号,故不能进行这些符号的输入,也不能用这些符号进行赋值及数学运算,常采用 A 类宏程序编程。

而在 FANUC - 0i 及其后的系统中(如 FANUC 18i 等),可以输入"+""-""×""/""=""[ ]"等符号,并能运用这些符号进行赋值及数学运算,常采用 B 类宏程序进行编程。

由于 A 类宏程序编写比较复杂,随着数控系统的不断升级,已逐渐被 B 类所替代。下面将只介绍 B 类宏程序的使用。

2. 宏变量及常量

1) 变量的表示

一个变量由符号"#"和变量序号组成,如:#$I(I=1,2,3,\cdots)$,还可以用表达式表示,但其表达式必须全部写入方括号"[ ]"中。

[例 6 - 1] #100,#500,#5。

[例 6 - 2] #[#1 + #2 + 10],当#1 = 10,#2 = 180 时,该变量为#200。

2) 变量的引用

将跟随在地址符后的数值用变量来代替的过程称为引用变量。

[例 6 - 3] G01 X#100 Z - #101 F#102;

当#100 = 100.0、#101 = 50.0、#102 = 1.0 时,上式即表示 G01X100.0Z - 50.0F1.0。

引用变量也可以采用表达式。

[例 6 - 4] G01 X[#100 - 30] Z - #101 F[#101 + #103];

当#100 = 100.0、#101 = 50.0、#103 = 80.0 时,即表示为 G01X70.0Z - 50.0F130.0;

3）变量的种类

变量分为局部变量、公共变量（全局变量）和系统变量三种。在 A、B 类宏程序中，其分类均相同。

（1）局部变量。局部变量（#1～#33）是在宏程序中局部使用的变量。当宏程序 C 调用宏程序 D 而且都有变量#1 时，由于变量#1 服务于不同的局部，所以 C 中的#1 与 D 中的#1 不是同一个变量，因此可以赋予不同的值，且互不影响。

（2）公共变量。公共变量（#100～#149、#500～#549）贯穿于整个程序过程。同样，当宏程序 C 调用宏程序 D 而且都有变量#100 时，由于#100 是全局变量，所以 C 中的#100 与 D 中的#100 是同一个变量。

（3）系统变量。系统变量是指有固定用途的变量，它的值决定系统的状态。系统变量包括刀具偏置值变量、接口输入与接口输出信号变量及位置信号变量等。

3. 变量的赋值

变量的赋值方法有直接赋值和引数赋值两种。

1）直接赋值

变量可以在操作面板上用"MDI"方式直接赋值，也可在程序中以等式方式赋值，但等号左边不能用表达式。B 类宏程序的赋值为带小数点的值。在实际编程中，大多采用在程序中以等式方式赋值的方法。

［例 6-5］#100 = 100.0；

#100 = 30.0 + 20.0；

2）引数赋值

宏程序以子程序方式出现，所用的变量可在宏程序调用时赋值。

［例 6-6］G65 P1000 X100.0 Y30.0 Z20.0 F100.0；

该处的 X、Y、Z 不代表坐标字，F 也不代表进给量，而是对应于宏程序中的变量号，变量的具体数值由引数后的数值决定。引数宏程序中的变量对应关系有两种，见表 6-1 及表 6-2。这两种方法可以混用，其中，G、L、N、O、P 不能作为引数代替变量赋值。

表 6-1　变量赋值方法 I

引数	变量	引数	变量	引数	变量	引数	变量
A	#1	J3	#10	I6	#19	I9	#28
B	#2	J3	#11	J6	#20	J9	#29
C	#3	K3	#12	K6	#21	K9	#30
I1	#4	I4	#13	I7	#22	I10	#31
J1	#5	J4	#14	J7	#23	J10	#32
K1	#6	K4	#15	K7	#24	K10	#33
I2	#7	I5	#16	I8	#25		
J2	#8	J5	#17	J8	#26		
K2	#9	K5	#18	K6	#27		

表6-2 变量赋值方法Ⅱ

引数	变量	引数	变量	引数	变量	引数	变量
A	#1	H	#11	R	#18	X	#24
B	#2	I	#4	S	#19	Y	#25
C	#3	J	#5	T	#20	Z	#26
D	#7	K	#6	U	#21		
E	#8	M	#13	V	#22		
F	#9	Q	#17	W	#23		

（1）变量赋值方法一：

[例6-7] G65 P0030 A50.0 I40.0 J100.0 K0 I20.0 J10.0 K40.0；

经赋值后#1=50.0,#4=40.0,#5=100.0,#6=0,#7=20.0,#8=10.0,#9=40.0。

（2）变量赋值方法二：

[例6-8] G65 P0020 A50.0 X40.0 F100.0；

经赋值后#1=50.0,#24=40.0,#9=100.0。

（3）变量赋值方法一和二的混合使用：

[例6-9] G65 P0030 A50.0 D40.0 I100.0 K0 I20.0；

经赋值后,I20.0与D40.0同时分配给变量#7,则后一个#7有效,所以变量#7=20.0,其余同上。

4. 运算符及表达式

B类宏程序的运算指令的运算相似于数学运算,仍用各种数学符号来表示,常用运算指令见表6-3。

表6-3 B类宏程序的变量运算

功能	格式	备注与示例
定义、转换	#i = #j	#100 = #1,#100 = 30.0
加法	#i = #j + #k	#100 = #1 + #2
减法	#i = #j − #k	#100 = 100.0 − #2
乘法	#i = #j ∗ #k	#100 = #1 ∗ #2
除法	#i = #j/#k	#100 = #1/30
正弦	#i = SIN[#j]	
反正弦	#i = ASIN[#j]	
余弦	#i = COS[#j]	#100 = SIN[#1]
反余弦	#i = ACOS[#j]	#100 = COS[36.3 + #2]
正切	#i = TAN[#j]	#100 = ATAN[#1]/[#2]
反正切	#i = ATAN[#j]/[#k]	

(续)

功能	格式	备注与示例
平方根	#i = SQRT[#j]	
绝对值	#i = ABS[#j]	
舍入	#i = ROUND[#j]	#100 = SQRT[#1*#1—100]
上取整	#i = FIX[#j]	#100 = EXP[#1]
下取整	#i = FUP[#j]	
自然对数	#i = LN[#j]	
指数函数	#i = EXP[#j]	
或	#i = #jOR#k	
异或	#i = #jXOR#k	逻辑运算一位一位地按二进制执行
与	#i = #jAND#k	
BCD 转 BIN	#i = BIN[#j]	用于与 PMC 的信号交换
BIN 转 BCD	#i = BCD[#j]	

(1) 函数 SIN、COS 等的角度单位是度,分和秒要换算成带小数点的度。
如 90°30′表示为 90.5°,30°18′表示为 30.3°。

(2) 宏程序数学计算的顺序依次为:函数运算(SIN、COS、ATAN 等),乘、除运算(*、/、AND 等),加、减运算(+、-、OR、XOR 等)。

[例 6 - 10] #l = #2 + #3 * SIN[#4];

运算顺序为:函数 SIN[#4];

乘运算#3 * SIN[#4];

加运算#2 + #3 * SIN[#4]。

(3) 函数中的括号"[ ]"用于改变运算顺序,函数中的括号允许嵌套使用,但最多只允许嵌套 5 层。

[例 6 - 11] #1 = SIN[[[#2 + #3] * 4 + #5]/#6];

(4) 宏程序中的上、下取整运算,CNC 在处理数值运算时,若操作产生的整数大于原数时为上取整,反之则为下取整。

[例 6 - 12] 设#1 = 1.2,#2 = - 1.2。

执行#3 = FUP[#1]时,2.0 赋给#3;

执行#3 = FIX[#1]时,1.0 赋给#3;

执行#3 = FUP[#2]时, - 2.0 赋给#3;

执行#3 = FIX[#2]时, - 1.0 赋给#3。

5. 控制指令

控制指令起到控制程序流向的作用。

1) 分支语句

格式一 GOTO n;

[例 6 - 13] GOTO 200;

该语句为无条件转移。当执行该程序段时,将无条件转移到 N200 程序段执行。

格式二 IF[条件表达式]GOTO n;

[例6-14] IF[#1 GT#100]GOTO 200;

该语句为有条件转移语句。如果条件成立,则转移到 N200 程序段执行;如果条件不成立,则执行下一程序段。条件表达式的种类见表6-4。

表6-4 条件表达式的种类

条件	意义	示例
#IEQ#j	等于(=)	IF[#5EQ#6]GOTO 300;
#iNE#j	不等于(≠)	IF[#5NE100]GOTO 300;
#iGT#j	大于(>)	IF[#6GT#7]GOTO 100;
#iGE#j	大于等于(≥)	IF[#8GE100]GOTO 100;
#iLT#j	小于(<)	IF[#9LT#10]GOTO 200;
#iLE#j	小于等于(≤)	IF[#11LE100]GOTO 200;

2) 循环指令

格式: WHILE[条件表达式]DOm(m=1,2,3);

　　…

　　END m;

当条件满足时,就循环执行 WHILE m 与 END m 之间的程序段;当条件不满足时,就执行 ENDm 的下一个程序段。

6. B 类宏程序编程实例

[例6-15] 试编写如图6-2所示圆弧表面均布孔的加工程序(工件其余轮廓均已加工完成)。要求最外圈均匀分部有孔60个,中心圆直径为 φ100,以后每圈中心圆直径减小 10mm,均布孔数减少6个,总圈数为9圈,且所有孔深 1.5mm,深浅一致。

本零件编程的关键是控制孔深度的一致性,为此,要计算出孔所在表面的 Z 坐标值。如图6-3所示,以 P 点为例,各孔所在表面的 Z 坐标值 Z_p 计算如下:

$$H_p = \sqrt{300^2 - X_p^2}$$

$$H = \sqrt{300^2 - 55^2} \approx 294.915$$

$$Z_p = -(H_p - h) = 294.915 - \sqrt{300^2 - X_p^2}$$

编程时,采用变量进行运算,变量的定义如下:

#101:孔所在中心圆的半径值(为 X_p);

#102:一圈的均布孔数;

#103:均布孔的角度增量;

#104:孔的中心角度;

#105:孔中心 X 坐标值;

#106:孔中心 Y 坐标值;

#108:孔所在表面的 Z 坐标值(为 Z_p)。

编写出加工程序如下:

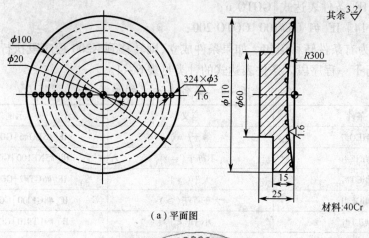

(a)平面图

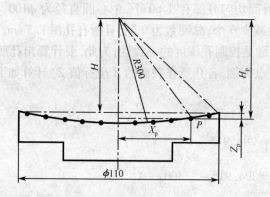

(b)实物图

图 6-2 孔加工零件图

图 6-3 孔所在表面的 Z 坐标值运算图

O0010;	
G90 G80 G40 G21 G17 G94;	
G91 G28 Z0;	
G90 G43 G00 Z100.0 H01;	
M03 S2000;	
#101 = 50.0;	孔所在中心圆半径初设为 50mm

(续)

#102 = 60.0;	均布孔数初设为60(最外圈孔)
N300#103 = 360.0/#102;	计算最外圈孔的角度增量值
#104 = 0;	孔的中心角度初设为0(最右端孔)
#108 = 294.915 - SQRT[300*300 - #101*#101];	计算出孔所在表面的Z坐标值
N500#105 = #101 * COS[#104];	计算出孔中心X坐标
#106 = #101 * SIN[#104];	计算出孔中心Y坐标
G99 G81 X#105 Y#106 Z#108 R3.0 F80.0;	孔加工程序
#104 = #104 + #103;	计算下一个孔的中心角度
IF[#104 LT360.0]GOTO 500;	条件判断孔的中心角度是否小于360°
#101 = #101 - 5.0;	计算下一圈孔的中心圆半径
#102 = #102 - 6.0;	计算下一圈孔的孔数
IF[#101 GE10.0]GOTO 300;	条件判断中心圆半径是否大于等于10
G80 G91 G28 Z0;	
M30;	程序结束

6.4 任务实施

6.4.1 工艺分析

1. 零件图工艺分析

1) 加工内容及技术要求

该零件为单件生产,加工内容是椭圆锥台。

零件尺寸标注完整、无误,轮廓描述清晰,技术要求清楚明了。

零件毛坯为60mm×50mm×30mm的45钢,切削加工性能较好,无热处理要求。

椭圆锥台底面的粗糙度要求为 $Ra6.3$,侧边的粗糙度要求为 $Ra3.2$;底面椭圆长轴、短轴的尺寸精度要求分别为 48 ± 0.02mm、36 ± 0.02mm。

2) 加工方法

该零件为单件生产,椭圆锥台的粗、精加工均在数控铣床上加工。

2. 机床选择

根据零件的结构特点、加工要求及现有设备情况,选用配备有FANUC-0i系统的KV650数控铣床加工该零件。

3. 装夹方案的确定

根据对零件图的分析可知,该零件在数控铣床上加工的所有表面都能一次装夹完成。具体装夹方法如图6-4所示,以底面为定位基准,粗、精加工椭圆锥台。

4. 工艺过程卡片制定

根据以上分析,制定零件加工工艺过程卡如表6-5所示。(注:以下内容只分析数控铣削加工部分。)

表6-5 零件加工工艺过程卡

（工厂）	机械工艺过程卡		产品型号		零件图号		共1页	第1页
			产品名称		零件名称			
材料牌号	毛坯种类	板材	毛坯外型尺寸	60×50×30	每毛坯可制件数	每台件数 1		
45钢								
工序号	工序名称	工序内容		车间	工段	设备	工艺装备	备注
1	备料	备60mm×50mm×30mm的45钢板料				锯床		
2	数铣	粗铣椭圆锥台为长48mm宽36mm的椭圆柱台 精铣椭圆锥台至图纸要求				数控铣床	平口虎钳	
3	钳工	去毛刺						
4	检验							工时/min
								准终 单件
							设计（日期）	审核（日期） 标准化（日期） 会签（日期）
标记	处数	更改文件号	签字	日期				
标记	处数	更改文件号	签字	日期				
描图								
描校								
底图号								
装订号								

5. 加工顺序的确定

加工椭圆锥台时,为避免精加工余量过大,先粗加工出长半轴为24mm,短半轴为18mm的椭圆柱(图6-5),再精加工出符合零件图要求的椭圆锥台。

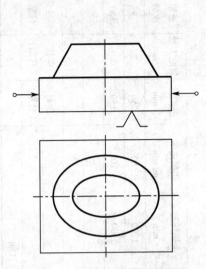

图6-4 椭圆锥台装夹简图

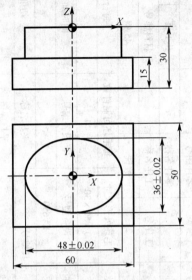

图6-5 椭圆柱台加工图

6. 刀具与量具的确定

粗铣椭圆锥台选用 $\phi 20$ 的硬质合金平底立铣刀。

精铣椭圆锥台选用 $\phi 16$ 的硬质合金平底立铣刀。

具体刀具型号见刀具卡片表6-6。

该尺寸精度要求不高,采用游标卡尺测量即可。具体量具型号见量具卡片表6-7。

表6-6 数控加工刀具卡片

产品名称或代号			零件名称		零件图号		备注
工步号	刀具号	刀具名称	刀具		刀具材料		
			直径/mm	长度/mm			
1	T01	平底立铣刀	$\phi 20$		硬质合金		
2	T02	平底立铣刀	$\phi 16$		硬质合金		
编制		审核		批准		共 页	第 页

表6-7 量具卡片

产品名称或代号		零件名称		零件图号	
序号		量具名称	量具规格	精度	数量
1		游标卡尺	0~150mm	0.02mm	1把
编制		审核		批准	共 页 第 页

7. 数控铣削加工工序卡片

制定零件数控铣削加工工序卡如表6-8所示。

表6-8 零件数控铣削加工工序卡

(工厂)	数控加工工序卡		产品型号		零件图号			共1页	第1页
			产品名称		零件名称			材料牌号	
			车间		工序名称	工序号		45钢	每台件数
					数铣	2			
			毛坯种类		毛坯外形尺寸	每毛坯可制件数		同时加工件数	
			板材		60×50×30	1			
			设备名称		设备型号	设备编号		夹具名称	切削液
			数控铣床		KV650			平口虎钳	
			夹具编号		工位器具编号			工位器具名称	工序工时
									准终 单件

工步号	工步名称	工艺装备	主轴转速 /(r·min⁻¹)	切削速度 /(m·min⁻¹)	进给量 /mm	背吃刀量 /mm	进给次数	工时 机动 单件
1	粗铣椭圆锥台为长48mm宽36mm的椭圆柱台	平口虎钳	1200	80	250	2	8	
2	粗铣椭圆锥台合至图纸要求	平口虎钳	2000	100	150	0.1	150	

描图						设计 (日期)	审核 (日期)	标准化 (日期)	会签 (日期)
描校									
底图号									
装订号	标记	处数	更改文件号	签字	日期	标记	处数	更改文件号	签字 日期

6.4.2 确定走刀路线及数控加工程序编制

1. 确定走刀路线

粗铣椭圆锥台时刀具从上向下加工,高度方向每次铣削 2mm,刀具每一层的走刀路线如图 6-6 所示。

精加工椭圆锥台时刀具从下向上加工,高度方向每次铣削 0.1mm。每抬刀 0.1mm,刀具加工出该高度上的大小合适的椭圆。每一层椭圆的走刀路线类似于图 6-6 所示。

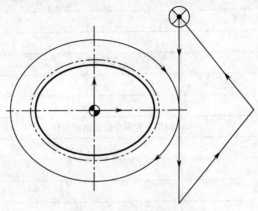

图 6-6 粗铣椭圆锥台刀路

2. 编写加工程序

粗加工出椭圆柱台时,以中心角度 α 作为自变量。在 XY 平面内,椭圆上各点 (X,Y) 坐标分别是 $(24\cos\alpha, 18\sin\alpha)$,坐标值随中心角度 α 的变化而变化。

精加工椭圆锥台时,当 Z 向每抬高 δ 时,长半轴及短半轴的减小值 $\lambda = \delta \times \tan 30°$(图 6-7)。因此高度方向上用刀具在工件坐标系中的 Z 坐标值作为自变量。

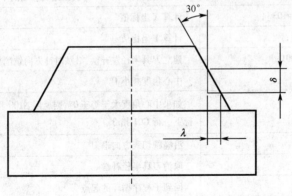

图 6-7 椭圆锥 λ 计算

编程时,变量的定义如下:

\#110:刀具到椭圆台底平面的高度;
\#111:刀具在工件坐标系中的 Z 坐标值;
\#101:长半轴尺寸;
\#102:短半轴尺寸;

#103：中心角度；
#104：刀具在工件坐标系中 X 坐标值；
#105：刀具在工件坐标系中 Y 坐标值。
编写出加工程序如下：
粗铣椭圆锥台加工程序：

O0020；	主程序
G90 G80 G40 G21 G17 G94；	
G43 G00 Z50.0 H01；	
G54 G00 X24.0 Y40.0；	
M03 S1200；	
Z5.0；	
G01 Z1.0 F100；	
M98 P80 120；	调用子程序分层切削椭圆柱
G90 G01 Z5.0 F100；	
G00 Z100.0；	
G00 X0 Y0；	
G91 G28 Z0.0；	
M30；	

O0120；	子程序
G91 G01 Z-2.0 F250；	采用增量方式编程,控制台每次铣削深度为2mm
G90；	改用绝对坐标编程
#103 = 360.0；	中心角度初设为360°(椭圆最右方点的中心角度)
N100 #104 = 24.0 * COS[#103]；	计算 X 坐标值
#105 = 18.0 * SIN[#103]；	计算 Y 坐标值
G41 G01 X#104 Y#105 D01；	建立刀具半径左补偿,沿顺时针方向铣削椭圆台
#103 = #103 - 1.0；	中心角度减小1°
IF[#103 GE 0] GOTO 100；	如果中心角度大于等于0°,则返回N100程序段执行循环;否则执行下一行G01指令
G01 X24.0 Y-10.0；	沿椭圆切线方向退刀
G40 G01 X40.0 Y0；	取消刀具半径补偿
X24.0 Y40.0；	回到子程序循环的起点
M99；	

精铣椭圆锥台加工程序：

O0021；	主程序
G90 G80 G40 G21 G17 G94；	
G43 G00 Z50.0 H01；	
G54 G00 X24.0 Y40.0；	刀具定位于椭圆最右方的切线方向

(续)

M03 S2000;	
Z5.0;	
G01 Z0 F100;	
M98 P220;	调用子程序分层切削椭圆锥
G91 G28 Z0;	
M30;	

O0220;	子程序
#110 = 0;	刀具到椭圆台底平面的高度初设为 0
#111 = -15.0;	刀具 Z 坐标值初设为 -15.0
#101 = 24.0;	长半轴初设为 24.0
#102 = 18.0;	短半轴初设为 18.0
N200 #103 = 360.0;	中心角度初设为 360°（椭圆最右方点的中心角度）
G01 X#101 Y40.0 F150;	
G01 Z#111;	Z 方向移动刀具
N300 #104 = #101 * COS[#103];	计算 X 坐标值
#105 = #102 * SIN[#103];	计算 Y 坐标值
G41 G01 X#104 Y#105 D01;	建立刀具半径左补偿,沿顺时针方向铣削椭圆
#103 = #103 - 1.0;	中心角度减小 1°
IF[#103 GE0] GOTO 300;	如果中心角度大于等于 0°,则返回 N300 程序段执行循环;否则执行下一行 G01 指令
G01 Y-15.0;	沿椭圆切线方向退刀
G40 G01 X40.0 Y0;	取消刀具半径补偿
#110 = #110 + 0.1;	刀具到椭圆台底面的高度循环一次增加 0.1mm
#111 = #111 + 0.1;	刀具循环一次抬刀 0.1mm
#101 = 24.0 - #110 * TAN[30.0];	计算新高度上的长半轴尺寸
#102 = 18.0 - #110 * TAN[30.0];	计算新高度上的短半轴尺寸
IF[#111 LE0] GOTO 200;	如果刀具 Z 坐标值小于等于 0,则返回 N200 程序段执行循环;否则执行 M99
M99;	

6.5 项目训练

1. 什么叫宏程序？有几种类型？数控手工编程中为何要使用宏程序？
2. 宏程序的变量可分为哪几类？各有何特点？
3. 简要说明 B 类宏程序的控制指令有哪些。
4. 试根据程序"G65 P0030 A50.0 B20.0 D40.0 I100.0 K0 I20.0;"确定各变量的值。

5. 试编写如图6-8所示圆形锥台的加工程序。

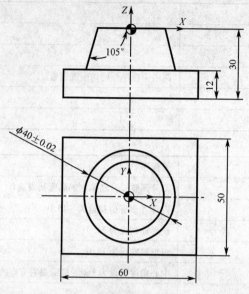

图6-8 圆台零件图

6. 试编写如图6-9所示线性阵列孔的加工程序,所有孔深为10mm。
7. 试编写如图6-10所示半圆球型腔的精加工程序。

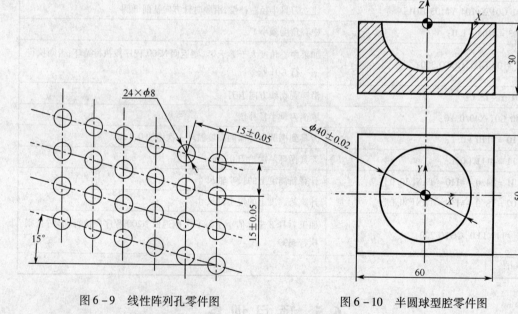

图6-9 线性阵列孔零件图　　图6-10 半圆球型腔零件图

教学单元 7 自动编程

7.1 任务目标

知识点
- 国内常用自动编程软件及自动编程的步骤
- 自动编程加工过程中常用的粗、精加工方法
- NX8 自动编程操作

技能点
- 传输线的连接
- 数控程序的传输

7.2 任务引入

加工如图 7-1 所示零件。毛坯为 100mm×65mm×35mm，材料 45 钢，单件生产。试采用 NX8.0 软件的自动编程功能编写数控铣加工程序，并将该程序通过计算机传输的方法输入数控系统，然后加工出该工件。

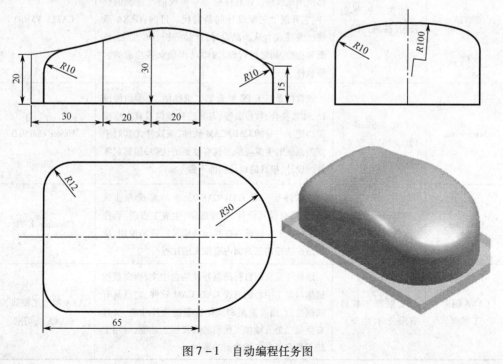

图 7-1 自动编程任务图

7.3 相关知识

7.3.1 自动编程的方法

实现自动编程的方法主要有语言式自动编程和图形交互式自动编程。前者是通过高级语言的形式表达全部加工内容,采用计算机批处理方式,一次性处理、输出加工程序。后者是采用人机对话的处理方式,利用 CAD/CAM 功能生成加工程序。当前使用的自动编程方法大多指图形交互式自动编程。

7.3.2 自动编程的软件介绍

自动编程软件种类很多。不同地区,使用的 CAD/CAM 软件也不尽相同。当前,在我国常用的 CAD/CAM 软件见表 7-1。

表 7-1 我国常用 CAD/CAM 软件简介

软件名称	研制公司	软件介绍	常用版本
UG (Unigraphics)	源于麦道飞机制造公司。由 EDS 公司开发	该软件是集成化的 CAD/CAE/CAM 系统,是当前国际、国内最为流行的工业设计平台。其主模块有数控造型、数控加工、产品装配等通用模块和计算机辅助工业设计、钣金设计加工、模具设计加工、管路设计布局等专用模块	UG NX4 UG NX6 UG NX8
CATIA	达索飞机制造公司(法国)开发	该软件是最早用于航空业的大型 CAD/CAE/CAM 软件,目前有 60% 以上的航空业和汽车工业都使用该软件。该软件是最早实现曲面造型的软件,它开创了三维设计的新时代。目前,CAXA 系统已发展成为从产品设计、产品分析、NC 加工、装配和检验,到过程管理、虚拟动作等众多功能的大型软件	CATIA V5R10
Mastercam	CNC Software 公司(美国)开发	该软件是基于 PC 平台集二维绘图、三维曲面设计、体素拼合、数控编程、刀具路径模拟及真实感模拟功能于一身的 CAD/CAM 软件,该软件尤其对于复杂曲面的生成与加工具有独到的优势,但其对零件的设计、模具的设计功能不强	Master cam 9.0
Cimatron	Cimatron 公司(以色列)开发	该软件是一套 CAD/CAE/CAM 的集成专业软件,它具有模具设计、三维造型、生成工程图、数控加工等功能。该软件在我国得到了广泛的使用,特别是在数控加工方面占有很大的比重	Cimatron E7.0
CAXA 制造工程师	北航海尔软件有限公司(中国)	该软件是我国自行研制开发的全中文、面向数控铣床与加工中心的三维 CAD/CAM 软件,它既具有线框造型、曲面造型和实体造型的设计功能,又具有生成二至五轴加工代码的数控加工功能,可用于加工具有复杂三维曲面的零件	CAXA 制造工程师 XP CAXA 线切割

7.4 任务实施

利用 NX8 自动编程软件,对图 7-1 所示零件进行粗精加工,则加工的步骤如下:

步骤和动作	解说	图例
(1) 启动 NX8.0		
(2) 打开文件 mouse.prt	此时,文件中没有任何 CAM 数据	
(3) 开始→加工,弹出加工对话框,选择 cam_general	进入加工环境	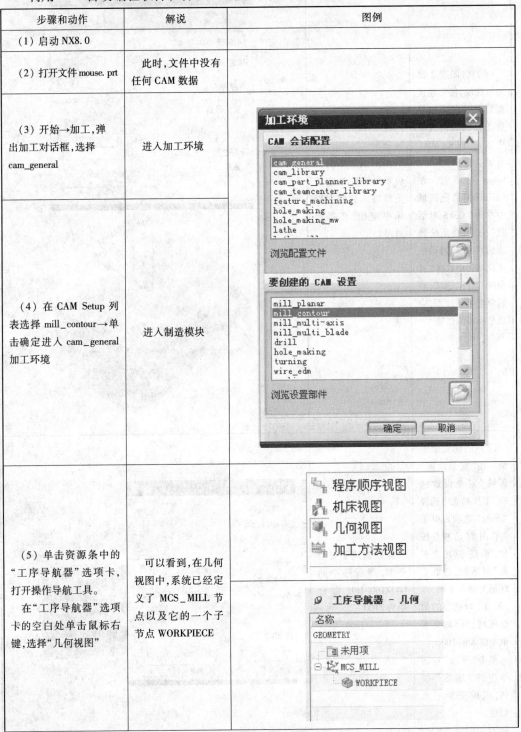
(4) 在 CAM Setup 列表选择 mill_contour→单击确定进入 cam_general 加工环境	进入制造模块	
(5) 单击资源条中的"工序导航器"选项卡,打开操作导航工具。 在"工序导航器"选项卡的空白处单击鼠标右键,选择"几何视图"	可以看到,在几何视图中,系统已经定义了 MCS_MILL 节点以及它的一个子节点 WORKPIECE	

（续）

步骤和动作	解说	图例
（6）将图层2改为可选层，使毛坯模型可见。在操作导航工具的几何视图中双击 MCS_MILL 节点，打开 Mill_Geom 对话框。在"MCS"对话框区域中单击"CSYS对话框"按钮，在系统弹出的"CSYS"对话框下拉列表中选择"对象的CSYS"选项，然后单击毛坯顶面，完成坐标系的创建	加工坐标系的方位非常重要，决定了毛坯将来如何在机床中定位，在哪里对刀	
（7）创建安全平面。在"安全设置"区域"安全设置选项"下拉列表中选择"平面"选项。单击"平面对话框"按钮，系统弹出"平面"对话框，选取毛坯面为参考平面，在"平面"对话框的偏置区域的距离文本框中输入值100。单击"平面"对话框中的"确定"按钮，完成安全平面创建	此处创建了安全平面，即程序中的 G43Z100 H01 部分中的 Z100	

（续）

步骤和动作	解说	图例
（8）在操作导航工具的几何视图中双击 WORKPIECE 节点，打开"铣削几何体"对话框，开始编辑毛坯几何体	决定将来实际加工中使用的毛坯的模型	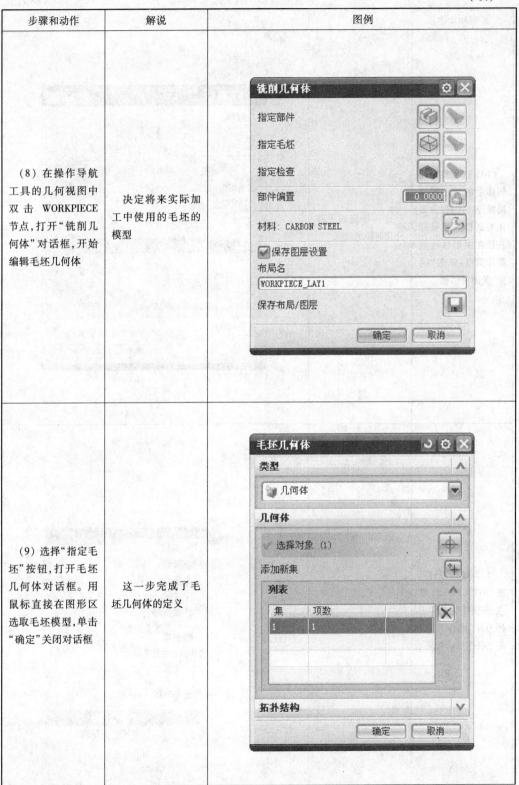
（9）选择"指定毛坯"按钮，打开毛坯几何体对话框。用鼠标直接在图形区选取毛坯模型，单击"确定"关闭对话框	这一步完成了毛坯几何体的定义	

205

（续）

步骤和动作	解说	图例
（10）选取铣削几何体上的指定部件图标，弹出部件几何体对话框。用鼠标直接在图形区选取部件模型，单击"确定"关闭对话框	这一步完成了部件几何体的定义	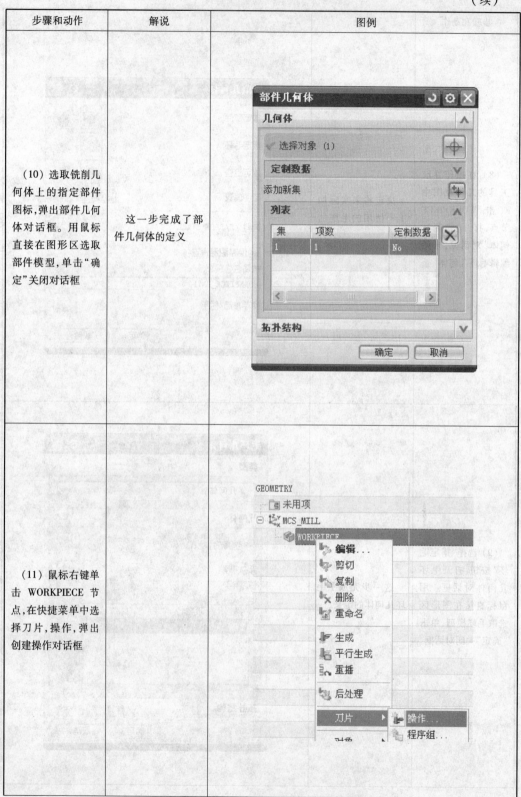
（11）鼠标右键单击 WORKPIECE 节点，在快捷菜单中选择刀片，操作，弹出创建操作对话框		

(续)

步骤和动作	解说	图例
（12）在操作对话框中,指定操作模板类型为 mill_contour,工序子类型为 CAVITY_MILL,程序父节点为 PROGRAM,几何父节点为 WORKPIECE,加工方法父节点 Mill_Rough,操作名为 Cavity_Mill,单击"确定"进入型腔铣 Cavity_Mill 对话框	这一步开始创建一个型腔铣粗加工操作本步骤指定操作的类型、操作名称、操作的父节点	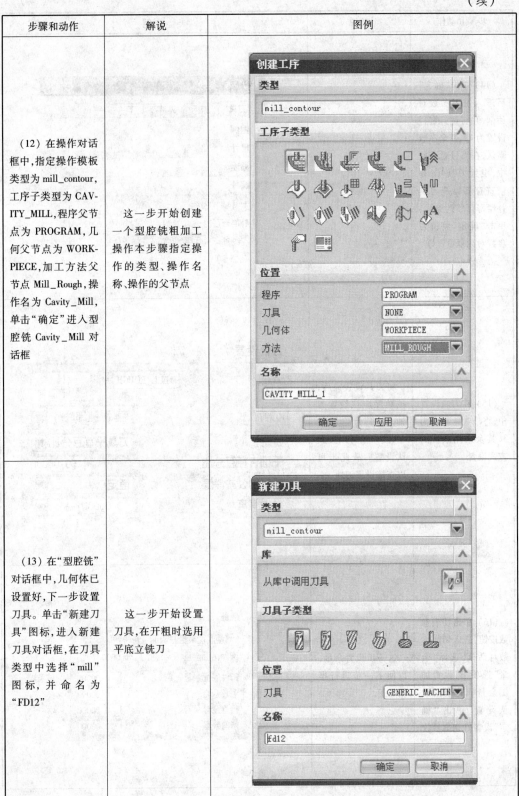
（13）在"型腔铣"对话框中,几何体已设置好,下一步设置刀具。单击"新建刀具"图标,进入新建刀具对话框,在刀具类型中选择"mill"图标,并命名为"FD12"	这一步开始设置刀具,在开粗时选用平底立铣刀	

(续)

步骤和动作	解说	图例
(14) 单击"确定"后进入铣刀参数对话框,并将铣刀直径设置为12,其余参数默认,在编号对话框中,设置刀具号,补偿寄存器以及刀具补偿寄存器的编号,单击"确定"将铣刀参数对话框设置好		
(15) 在刀轨设置中,将最大距离设为3,其余采用默认的方式设置	将刀具设置完后,按顺序应该设置刀轴,由于为三轴加工,故刀轴可以按默认设置。故此步可以直接设置刀轨。	
(16) 单击切削参数按钮,进入切削参数对话框,选择"余量"选项卡,设置加工余量。其余按默认设置,单击"确定"设置好切削参数	这一步设置余量,以便下一步进行半精加工。	

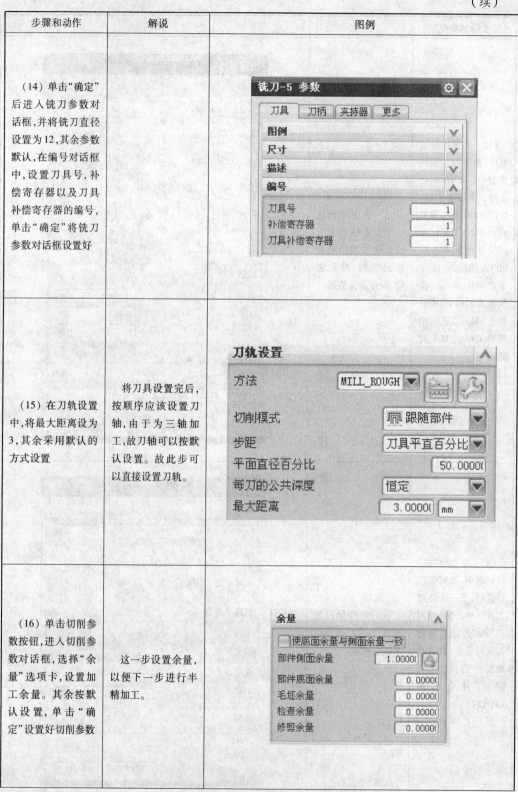

208

(续)

步骤和动作	解说	图例
(17) 单击进给率和速度按钮,进入进给率和速度对话框,设置进给率和速度。其余按默认设置,单击"确定"设置好切削参数		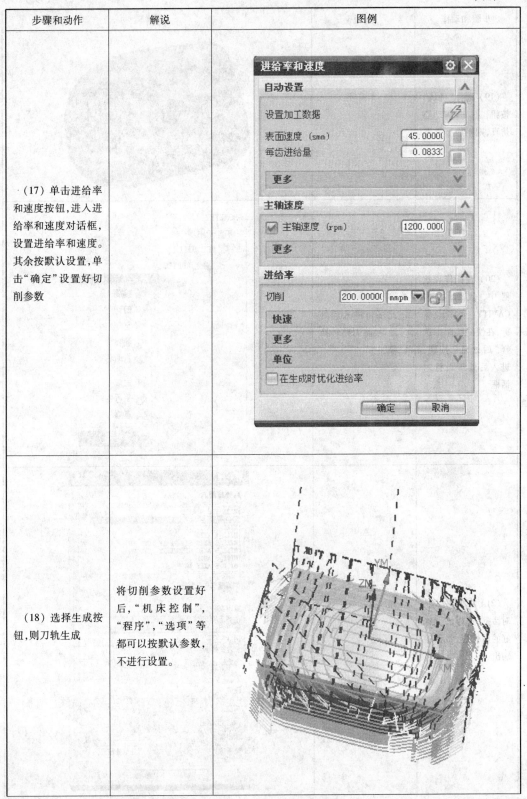
(18) 选择生成按钮,则刀轨生成	将切削参数设置好后,"机床控制","程序","选项"等都可以按默认参数,不进行设置。	

（续）

步骤和动作	解说	图例
（19）选择"确认"按钮，进入 2D 动态仿真，则粗加工完成		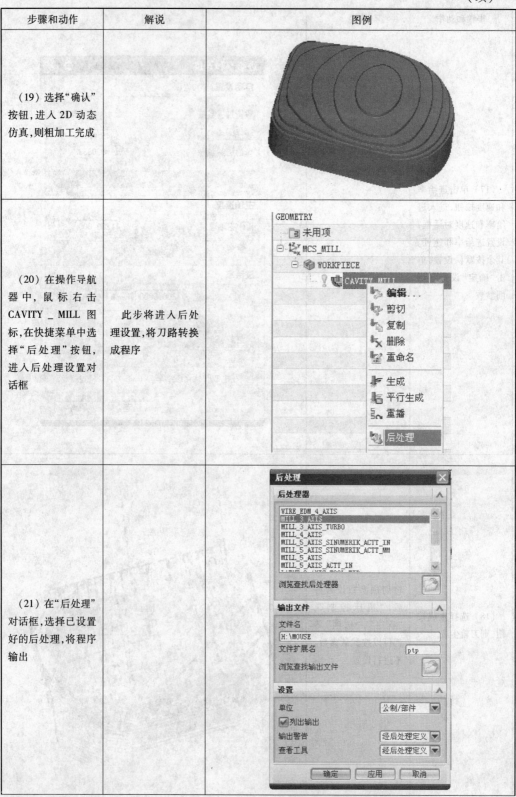
（20）在操作导航器中，鼠标右击 CAVITY_MILL 图标，在快捷菜单中选择"后处理"按钮，进入后处理设置对话框	此步将进入后处理设置，将刀路转换成程序	
（21）在"后处理"对话框，选择已设置好的后处理，将程序输出		

（续）

步骤和动作	解说	图例
精加工		
（22）在"work-piece"下单击鼠标右键，选择"刀片"、"操作"，在操作对话框中，指定操作模板类型为 mill_contour，工序子类型为 ZLEVEL_PROFILE	在对该零件进行粗加工后，将利用等高铣进行半精加工	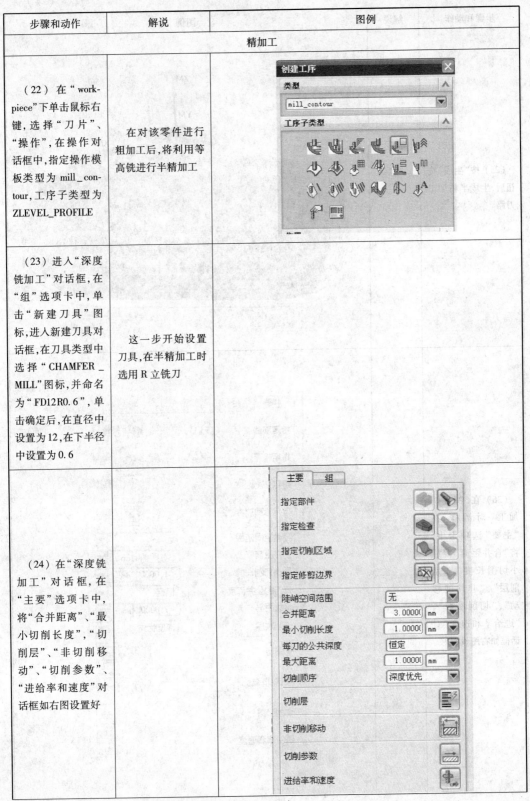
（23）进入"深度铣加工"对话框，在"组"选项卡中，单击"新建刀具"图标，进入新建刀具对话框，在刀具类型中选择"CHAMFER_MILL"图标，并命名为"FD12R0.6"，单击确定后，在直径中设置为12，在下半径中设置为0.6	这一步开始设置刀具，在半精加工时选用R立铣刀	
（24）在"深度铣加工"对话框，在"主要"选项卡中，将"合并距离"、"最小切削长度"、"切削层"、"非切削移动"、"切削参数"、"进给率和速度"对话框如右图设置好		

（续）

步骤和动作	解说	图例
（25）按"生成"按钮后,生成半精加工刀路		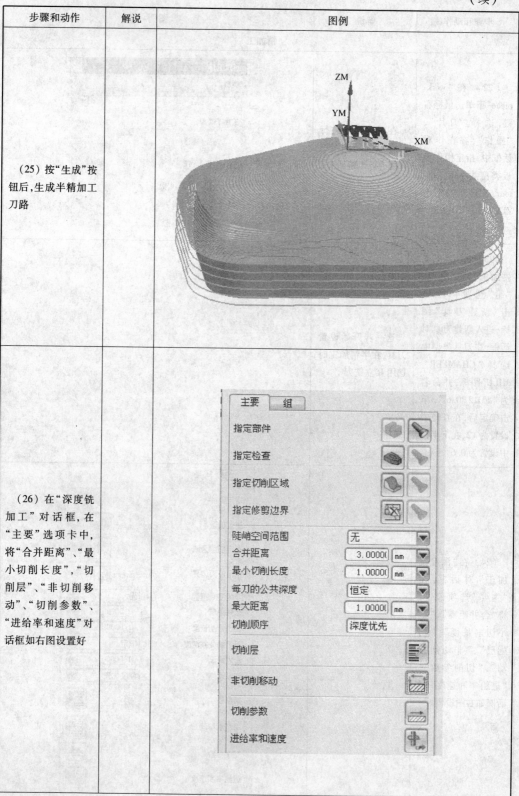
（26）在"深度铣加工"对话框,在"主要"选项卡中,将"合并距离"、"最小切削长度"、"切削层"、"非切削移动"、"切削参数"、"进给率和速度"对话框如右图设置好		

步骤和动作	解说	图例
(27) 按"生成"按钮后,生成半精加工刀路		

1. 数控传输线的连接

数控传输线是数控机床与计算机之间的通信线,其连接方式有两种,即9针与9针相连和9针与25针相连。其连接方式如图7-2所示。

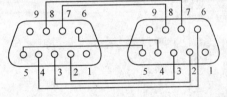

(a) 9孔串口的焊接关系

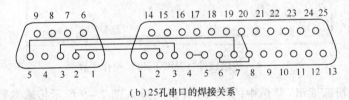

(b) 25孔串口的焊接关系

图7-2 数控传输线的连接

2. 数控程序的传输

1) 机床参数设置

(1) 选择"MDI"方式。

(2) 选择 OFS/SET 功能键进入补偿设置界面。

(3) 选择菜单软键[设定],进入参数设置界面。

(4) 如图7-3所示,将参数写入改为1,再将I/O通道改为0,最后将参数写入重新改为0。

(5) 按下 RESET 复位键,消除报警,完成参数设置。

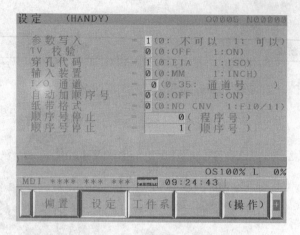

图7-3 I/O通道设置

2）软件参数设置

虽然用于数控传输的软件较多，但其传输方法却大同小异。现以应用比较多的"CIMCOEdit5"软件为例来说明传输软件参数的设定及传输的方法。

（1）在计算机上打开传输软件"CIMCOEdit5"，出现图7-4所示操作主界面。

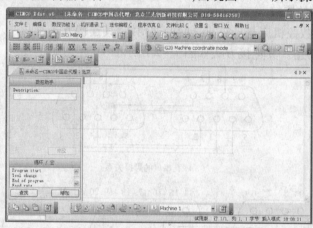

图7-4 传输软件"CIMCOEdit5"操作主界面

（2）单击"机床通讯"菜单中的"DNC设置"，进入图7-5所示传输参数设置界面。

（3）根据机床中所设置的参数，在程序中设置以下传输参数值并保存：

传输端口（Comm Port）根据计算机的接线口选择COM1或COM2；

波特率（Baudrate）9600或4800；

数据位（Data bits）7；

停止位（Stop bits）2；

奇偶校验（Parity）偶；

代码类别 ISO。

3）程序的输入

在程序传输的过程中，一般是哪一侧要输入则哪一侧先操作，故在程序的输入时，要先将机床设置好，具体操作过程如下：

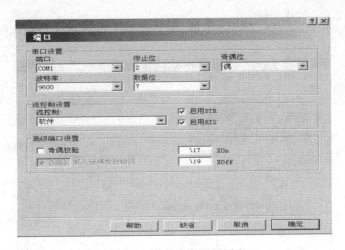

图7-5 传输参数设置回面

(1) 选择"EDIT"方式,显示程序目录。

(2) 按下 PROG 功能按钮,显示程序内容画面或者程序目录画面。

(3) 按下显示屏软键[OPRT]。

(4) 按下最右边的软件 ▷(菜单扩展键)。

(5) 输入地址O,输入赋值程序的程序号。

(6) 按下屏幕软键[READ]和[EXEC],程序正在等待被输入,在屏幕上显示"LSK"。

(7) 打开计算机端要输入的程序,在传输软件主界面上"机床通迅"菜单中的按"发送"按钮,找到要传输的程序(图7-6)并打开,即开始传输程序。

图7-6 程序输入软件设置

(8) 传输完成后,注意比较一下计算机和机床两端的数据,如果数据大小一致则表明传输成功。

4) 程序的输出

同样,在程序的输出时,则应先将软件设置好。打开计算机端软件,在传输软件主界面上"机床通讯"菜单中的按"接收"按钮,则软件处于接收程序状态,等待机床将程序输出。

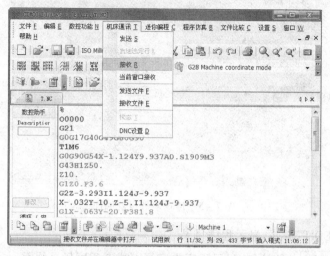

图 7-7 程序输出软件设置

软件设置好后,然后再进行机床端的设置,设置如下:

(1) 确认输出设备已经准备好;
(2) 选择"EDIT"方式,显示程序目录;
(3) 按下 PROG 功能按钮,显示程序内容画面或者程序目录画面;
(4) 按下显示屏软键[OPRT];
(5) 按下最右边的软件 ▷ (菜单扩展键);
(6) 输入地址 O,输入要输出的程序号(如果输入 -9999,则所有存储在内的程序都将被输出。要想一次输出多个程序,可像下面一样,指定程序号范围,如"O△△△△,O□□□□"程序 No. △△△△到 No. □□□□都将被输出);
(7) 按下屏幕软键[READ]和[EXEC],指定的一个或多个程序就被输出。

7.5 项目训练

1. 利用 NX 软件对图 7-8 进行建模,并完成该图粗精加工。
2. 利用 NX 软件对图 7-9 进行建模,并完成该图粗精加工。
3. 利用 NX 软件对图 7-10 进行建模,并完成该图粗精加工。
4. 利用 NX 软件对图 7-11 进行建模,并完成该图粗精加工。

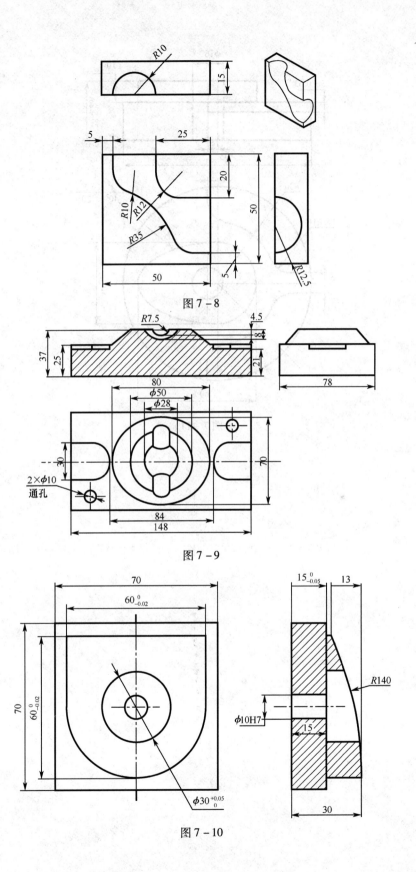

图 7-8

图 7-9

图 7-10

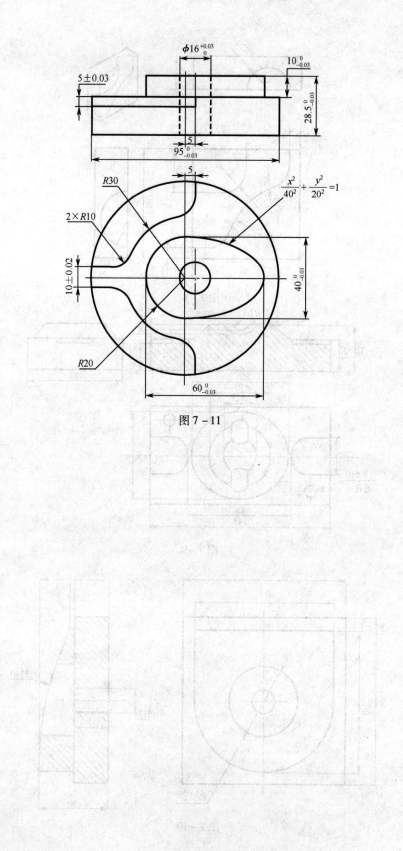

图 7–11

附录一　FANUC 数控铣床和加工中心指令

一、G 代码

代码	分组	意义	格式
G00		快速点定位	G00 X_ Y_ Z_;
G01		直线插补	G01 X_ Y_ Z_ F_;
G02	01	圆弧插补 CW(顺时针)	XY 平面内的圆弧： $G17 \begin{Bmatrix} G02 \\ G03 \end{Bmatrix} X\_Y\_ \begin{Bmatrix} R\_ \\ I\_J\_ \end{Bmatrix} F\_;$ ZX 平面的圆弧： $G18 \begin{Bmatrix} G02 \\ G03 \end{Bmatrix} X\_Z\_ \begin{Bmatrix} R\_ \\ I\_K\_ \end{Bmatrix} F\_;$ YZ 平面的圆弧：
G03		圆弧插补 CCW(逆时针)	$G19 \begin{Bmatrix} G02 \\ G03 \end{Bmatrix} Y\_Z\_ \begin{Bmatrix} R\_ \\ J\_K\_ \end{Bmatrix} F\_;$
G04	00	暂停	G04 X_;单位:秒
G15		取消极坐标指令	G15;取消极坐标方式
G16	17	极坐标指令	Gxx Gyy G16;开始极坐标指令 G00 IP_;极坐标指令 Gxx:极坐标指令的平面选择(G17,G18,G19) Gyy:G90 指定工件坐标系的零点为极坐标的原点 G91 指定当前位置作为极坐标的原点 IP:指定极坐标系选择平面的轴地址及其值 第 1 轴:极坐标半径 第 2 轴:极角
G17		XY 平面	G17 选择 XY 平面
G18	02	ZX 平面	G18 选择 XZ 平面
G19		YZ 平面	G19 选择 YZ 平面
G20	06	英制输入	
G21		公制输入	
G30	00	回归参考点	G30 X_ Y_ Z_;
G31		由参考点回归	G31 X_ Y_ Z_;
G40		刀具半径补偿取消	G40 G01/G00 X_ Y_;
G41	07	左半径补偿	G41/G42 G01/G00 X_ Y_ D_ F_;
G42		右半径补偿	

（续）

代码	分组	意义	格式
G43	08	刀具长度补偿 +	G43/G44 G00 Z_ H_;
G44		刀具长度补偿 −	
G49		刀具长度补偿取消	G49;
G50		取消缩放	G50;缩放取消
G51	11	比例缩放	G51 X_ Y_ Z_ P_;缩放开始 X_ Y_ Z_:比例缩放中心坐标的绝对值指令 P_:缩放比例 G51 X_ Y_ Z_ I_ J_ K_;缩放开始 X_ Y_ Z_:比例缩放中心坐标值的绝对值指令 I_ J_ K_:X、Y、Z 各轴对应的缩放比例
G52	00	设定局部坐标系	G52 IP_;设定局部坐标系 G52 IP0;取消局部坐标系 IP:局部坐标系原点
G53		机械坐标系选择	G53 X_ Y_ Z_;
G54	14	选择工作坐标系 1	GXX;
G55		选择工作坐标系 2	
G56		选择工作坐标系 3	
G57		选择工作坐标系 4	
G58		选择工作坐标系 5	
G59		选择工作坐标系 6	
G68	16	坐标系旋转	(G17/G18/G19) G68 a_ b_ R_;坐标系开始旋转 G17/G18/G19:平面选择,在其上包含旋转的形状 a_ b_:与指令坐标平面相应的 X,Y,Z 中的两个轴的绝对指令,在 G68 后面指定旋转中心 R_:角度位移,正值表示逆时针旋转。根据指令的 G 代码(G90 或 G91)确定绝对值或增量值 有效数据范围：−360.000 到 360.000
G69		取消坐标轴旋转	G69;坐标轴旋转取消指令
G73	09	深孔钻削固定循环	G73 X_ Y_ Z_ R_ Q_ F_;
G74		左螺纹攻螺纹固定循环	G74 X_ Y_ Z_ R_ P_ F_;
G76		精镗固定循环	G76 X_ Y_ Z_ R_ Q_ F_;
G90	03	绝对方式指定	GXX;
G91		相对方式指定	
G92	00	工作坐标系的变更	G92 X_ Y_ Z_;
G98	10	返回固定循环初始点	GXX;
G99		返回固定循环 R 点	

（续）

代码	分组	意义	格式
G80		固定循环取消	G80；
G81		钻削固定循环、钻中心孔	G81 X_ Y_ Z_ R_ F_；
G82		钻削固定循环、锪孔	G82 X_ Y_ Z_ R_ P_ F_；
G83		深孔钻削固定循环	G83 X_ Y_ Z_ R_ Q_ F_；
G84	09	攻螺纹固定循环	G84 X_ Y_ Z_ R_ F_；
G85		镗削固定循环	G85 X_ Y_ Z_ R_ F_；
G86		退刀形镗削固定循环	G86 X_ Y_ Z_ R_ P_ F_；
G88		镗削固定循环	G88 X_ Y_ Z_ R_ P_ F_；
G89		镗削固定循环	G89 X_ Y_ Z_ R_ P_ F_；

二、M 代码

代码	意义	格式
M00	停止程序运行	
M01	选择性停止	
M02	结束程序运行	
M03	主轴正向转动开始	
M04	主轴反向转动开始	
M05	主轴停止转动	
M06	换刀	M06 T_；
M08	冷却液开启	
M09	冷却液关闭	
M32	结束程序运行且返回程序开头	
M98	子程序调用	M98 Pxxxnnnn； 调用程序号为 Onnnn 的程序×××次。
M99	子程序结束	子程序格式： Onnnn – M99

附录二　SIEMENS 810D 数控铣床和加工中心指令

一、G 代码

分类	分组	代码	意义	格式	备注
插补	1	G0	快速移动	G0 X_ Y_ Z_	
		G1 *	直线插补	G1 X_ Y_ Z_ F_	
		G2	顺时针圆弧(终点+圆心)	G2 X_ Y_ Z_ I_ J_ K_	X_Y_Z_:确定终点 I_J_K_:确定圆心 CR_:半径(大于0为优弧，小于0为劣弧) AR_:确定圆心角(0到360度)
			顺时针圆弧(终点+半径)	G2 X_ Y_ Z_ CR = _	
			顺时针圆弧(圆心+圆心角)	G2 AR = _ I_ J_ K_	
			顺时针圆弧(终点+圆心角)	G2 AR = _ X_ Y_ Z_	
		G3	逆时针圆弧(终点+圆心)	G3 X_ Y_ Z_ I_ J_ K_	
			逆时针圆弧(终点+半径)	G3 X_ Y_ Z_ CR = _	
			逆时针圆弧(圆心+圆心角)	G3 AR = _ I_ J_ K_	
			逆时针圆弧(终点+圆心角)	G3 AR = _ X_ Y_ Z_	
		CIP	圆弧插补(三点圆弧)	CIP X_ Y_ Z_ I1 = _ J1 = _ K1 = _	1. XYZ确定终点,I1、J1、K1确定中间点 2. 是否为增量编程对终点和中间点均有效
平面	6	G17 *	指定 XY 平面	G17	
		G18	指定 ZX 平面	G18	
		G19	指定 YZ 平面	G19	
增量设置	14	G90 *	绝对量编程	G90	
		G91	增量编程	G91	
单位	13	G70	英制单位输入	G70	
		G71 *	公制单位输入	G71	
工件坐标	9	G53	取消工件坐标设定	G53	
	8	G54	工件坐标1	G54	
		G55	工件坐标2	G55	
		G56	工件坐标3	G56	
		G57	工件坐标4	G57	
复位	2	G74	回参考点(原点)	G74 X1 = _ Y1 = _	

(续)

分类	分组	代码	意义	格式	备注
刀具补偿	7	G40 *	取消刀补	G40	在指令 G40,G41 和 G42 的一行中必须同时有 G0 或 G1 指令(直线),且要指定一个当前平面内的一个轴,如在 XY 平面下,N20 G1 G41 Y50
		G41	左侧刀补	G41	
		G42	右侧刀补	G42	
	17	NORM *	设置刀补开始和结束为正常方法		接近或离开刀补路径的点为 G451 或 G450 计算的交点
		KONT	设置刀补开始和结束为其他方法		
	18	G450 *	刀补时拐角走圆角	G450 DISC =_	DISC 的值为 0 到 100,为 0 时表示最大的圆弧,100 时同 G451 相同
		G451	刀补时到交点时再拐角		

注:加"*"号的功能程序启动时生效

二、M 代码

代码	意义	格式	功能
M0	编程停止		
M1	选择性暂停		
M2	主程序结束返回程序开头		
M3	主轴正转		
M4	主轴反转		
M5	主轴停转		
M6	换刀(缺省设置)		选择第 x 号刀,x 范围:0 - 32000 , T0 取消刀具
		M6	T 生效且对应补偿 D 生效
M17	子程序结束		若单独执行子程序则此功能同 M2 和 M30 相同
M30	主程序结束且返回		

223

三、其他代码

指令	意义	格式
IF	有条件程序跳跃	LABEL： IF expression GOTOB LABEL 或 IF expression GOTOF LABEL LABEL： 　　IF　　　　　条件关键字 　　GOTOB　　带向后跳跃目的的跳跃指令(朝程序开头) 　　GOTOF　　带向前跳跃目的的跳跃指令(朝程序结尾) 　　LABEL　　目的(程序内标号) 　　LABEL：　跳跃目的；冒号后面的跳跃目的名 　　＝＝　　　等于 　　＜＞ 不等于；＞ 大于；＜ 小于 　　＞＝ 大于或等于；＜＝ 小于或等于
COS	余弦	Sin(x)
SIN	正弦	Cos(x)
SQRT	开方	SQRT(x)
GOTOB	无条件程序跳跃	标号： GOTOB LABEL 参数意义同 IF
GOTOF	无条件程序跳跃	GOTOF LABEL 标号： 参数意义同 IF
MCALL	调用子程序	
CYCLE81	中心钻孔固定循环	CYCLE81(RTP,RFP,SDIS,DP,DPR) RTP：回退平面(绝对坐标) RFP：参考平面(绝对坐标) SDIS：安全距离 DP：最终孔深(绝对坐标) DPR：相对于参考平面的最终钻孔深度 例： N10 G0 G90 F200 S300 N20 D3 T3 Z110 N30 X40 Y120 N40 CYCLE81(110,100,2,35) N50 Y30 N60 CYCLE81(110,102,,35) N70 G0 G90 F180 S300 M03 N80 X90 N90 CYCLE81(110,100,2,,65) N100 M30

224

(续)

指令	意义	格式
CYCLE82	平底扩孔固定循环	CYCLE82（RTP,RFP,SDIS,DP,DPR,DTB） DTB:在最终深度处停留的时间 其余参数的意义同CYCLE81 例： N10 G0 G90 F200 S300 M3 N20 D3 T3 Z110 N30 X24 Y15 N40 CYCLE82（110,102,4,75,,2） N50 M30
CYCLE83	深孔钻削固定循环	CYCLE83（RTP,RFP,SDIS,DP,DPR,FDEP,FDPR,DAM,DTB,DTS,FRF,VART,_AXN,_MDEP,_VRT,_DTD,_DIS1） FDEP:首钻深度(绝对坐标) FDPR:首钻相对于参考平面的深度 DAM:递减量(>0,按参数值递减;<0,递减速率;=0,不做递减) DTB:在此深度停留的时间(>0,停留秒数;<0,停留转数) DTS:在起点和排屑时的停留时间(>0,停留秒数;<0,停留转数) FRF:首钻进给率 VARI:加工方式(0,切削;1,排屑) _AXN:工具坐标轴(1表示第一坐标轴;2表示第二坐标轴;其他的表示第三坐标轴) _MDEP:最小钻孔深度 _VRT:可变的切削回退距离(>0,回退距离;0表示设置为1mm) _DTD:在最终深度处的停留时间(>0,停留秒数;<0,停留转数;=0,停留时间同DTB) _DIS1:可编程的重新插入孔中的极限距离 其余参数的意义同CYCLE81 例： N10 G0 G17 G90 F50 S500 M4 N20 D1 T42 Z155 N30 X80 Y120 N40 CYCLE83（155,150,1,5,,100,,20,,,1,0,,,0.8） N50 X80 Y60 N60 CYCLE83（155,150,1,,145,,50,-0.6,1,,1,0,,10,,,0.4） N70 M30

（续）

指令	意义	格式
CYCLE84	攻螺纹固定循环	CYCLE84（RTP,RFP,SDIS,DP,DPR,DTB,SDAC,MPIT,PIT,POSS,SST,SST1） SDAC:循环结束后的旋转方向(可取值为:3,4,5) MPIT:螺纹尺寸的斜度 PIT:斜度值 POSS:循环结束时,主轴所在位置 SST:攻螺纹速度 SST1:回退速度 其余参数的意义同 CYCLE81 例: N10 G0 G90 T4 D4 N20 G17 X30 Y35 Z40 N30 CYCLE84（40,36,2,,30,,3,5,,90,200,500） N40 M30
CYCLE85	钻孔循环1	CYCLE85（RTP,RFP,SDIS,DP,DPR,DTB,FFR,RFF） FFR:进给速率 RFF:回退速率 其余参数的意义同 CYCLE81 例: N10 FFR=300 RFF=1.5∗FFR S500 M4 N20 G18 Z70 X50 Y105 N30 CYCLE85（105,102,2,25,,300,450） N40 M30
CYCLR86	钻孔循环2	CYCLE86(RTP,RFP,SDIS,DP,DPR,DTB,SDIR,RPA,RPO,RPAP,POSS) SDIR:旋转方向(可取值为3,4) RPA:在活动平面上横坐标的回退方式 RPO:在活动平面上纵坐标的回退方式 RPAP:在活动平面上钻孔的轴的回退方式 POSS:循环停止时主轴的位置 其余参数的意义同 CYCLE81 例: N10 G0 G17 G90 F200 S300 N20 D3 T3 Z112 N30 X70 Y50 N40 CYCLE86（112,110,,77,,2,3,−1,−1,+1,45） N50 M30

(续)

指令	意义	格式
CYCLE87	钻孔循环3	CYCLE87（RTP,RFP,SDIS,DP,DPR,SDIR） 参数意义同 CYCLE86 例： N10 G0 G17 G90 F200 S300 N20 D3 T3 Z113 N30 X70 Y50 N40 CYCLE87（113,110,2,77,,3） N50 M30
CYCLE88	钻孔循环4	CYCLE88（RTP,RFP,SDIS,DP,DPR,DTB,SDIR） DTB：在最终孔深处的停留时间 SDIR：旋转方向（可取值为3,4） 其余参数的意义同 CYCLE81 例： N10 G17 G90 F100 S450 N20 G0 X80 Y90 Z105 N30 CYCLE88（105,102,3,,72,3,4） N40 M30
CYCLE89	钻孔循环5	CYCLE89（RTP,RFP,SDIS,DP,DPR,DTB） DTB：在最终孔深处的停留时间 其余参数的意义同 CYCLE81 例： N10 G90 G17 F100 S450 M4 N20 G0 X80 Y90 Z107 N30 CYCLE89（107,102,5,72,,3） N40 M30
CYCLE93	切槽循环	CYCLE93（SPD,SPL,WIDG,DIAG,STA1,ANG1,ANG2,RCO1,RCO2,RCI1,RCI2,FAL1,FAL2,IDEP,DTB,VARI） 例： N10 G0 G90 Z65 X50 T1 D1 S400 M3 N20 G95 F0.2 N30 CYCLE93（35,60,30,25,5,10,20,0,0,-2,-2,1,1,10,1,5） N40 G0 G90 X50 Z65 N50 M02
CYCLE94	凹凸切削循环	CYCLE94（SPD,SPL,FORM） 例： N10 T25 D3 S300 M3 G95 F0.3 N20 G0 G90 Z100 X50 N30 CYCLE94（20,60,"E"） N40 G90 G0 Z100 X50 N50 M02

(续)

指令	意义	格式
CYCLE95	毛坯切削循环	CYCLE95（NPP,MID,FALZ,FALX,FAL,FF1,FF2,FF3,VARI,DT,DAM,_VRT） 例： N110 G18 G90 G96 F0.8 N120 S500 M3 N130 T11 D1 N140 G0 X70 N150 Z60 N160 CYCLE95("contour",2.5,0.8,.8,0,0.8,0.75,0.6,1) N170 M02 PROC contour N10 G1 X10 Z100 F0.6 N20 Z90 N30 Z=AC(70) ANG=150 N40 Z=AC(50) ANG=135 N50 Z=AC(50) X=AC(50) N60 M17
CYCLE96	标准螺纹切削	CYCLE96（DIATH,SPL,FORM） 例： N10 D3 T1 S300 M3 G95 F0.3 N20 G0 G90 Z100 X50 N30 CYCLE96（40,60,"A"） N40 G90 G0 X30 Z100 N50 M02
CYCLE97	螺纹切削	CYCLE97（PIT,MPIT,SPL,FPL,DM1,DM2,APP,ROP,TDEP,FAL,IANG,NSP,NRC,NID,VARI,NUMT） 例： N10 G0 G90 Z100 X60 N20 G95 D1 T1 S1000 M4 N30 CYCLE97（ ,42,0,-35,42,42,10,3,1.23,0,30,0,5,2,3,1） N40 G90 G0 X100 Z100 N50 M30
CYCLE98	螺纹链切削	CYCLE98（PO1,DM1,PO2,DM2,PO3,DM3,PO4,DM4,APP,ROP,TDEP,FAL,IANG,NSP,NRC,NID,PP1,PP2,PP3,VARI,NUMT） 例： N10 G95 T5 D1 S1000 M4 N20 G0 X40 Z10 N30 CYCLE98（0,30,-30,30,-60,36,-80,50,10,10,0.92,,,,5,1,1.5,2,2,3,1） N40 G0 X55 N50 Z10 N60 X40 N70 M02

附录三　华中数控铣床和加工中心指令

一、G 代码

代码	分组	意义	格式
G00	01	快速定位	G00 X_ Y_ Z_ X,Y,Z:在 G90 时为终点在工件坐标系中的坐标;在 G91 时为终点相对于起点的位移量
G01		直线插补	G01 X_ Y_ Z_ F_ X,Y,Z:线性进给终点 F:合成进给速度
G02 G03		顺圆插补 逆圆插补	XY 平面内的圆弧: $G17 \{{G02 \atop G03}\} X\_Y\_ \{{R\_ \atop I\_J\_}\} F\_;$ ZX 平面的圆弧: $G18 \{{G02 \atop G03}\} X\_Z\_ \{{R\_ \atop I\_K\_}\} F\_;$ YZ 平面的圆弧: $G19 \{{G02 \atop G03}\} Y\_Z\_ \{{R\_ \atop J\_K\_}\} F\_;$　X,Y,Z:圆弧终点 I,J,K:圆心相对于圆弧起点的偏移量 R:圆弧半径,当圆弧圆心角小于 180 度时 R 为正值,否则 R 为负值 F:被编程的两个轴的合成进给速度
G02/G03		螺旋线进给	G17 G02(G03) X_ Y_ R(I_ J_)_ Z_ F_ G18 G02(G03) X_ Z_ R(I_ K_)_ Y_ F_ G19 G02(G03) Y_ Z_ R(J_ K_)_ X_ F_ X,Y,Z:由 G17/G18/G19 平面选定的两个坐标为螺旋线投影圆弧的终点,第三个坐标是与选定平面相垂直的轴终点 其余参数的意义同圆弧进给
G04	00	暂停	G04 P/X 单位秒,增量状态单位毫秒
G07	16	虚轴制定	G07 X_ Y_ Z_ X,Y,Z:被指定轴后跟数字 0,则该轴为虚轴;后跟数字 1,则该轴为实轴
G09	00	准停校验	一个包括 G90 的程序段在继续执行下个程序段前,准确停止在本程序段的终点。用于加工尖锐的棱角

(续)

代码	分组	意义	格式
G17	02	XY 平面	G17 选择 XY 平面;
G18		ZX 平面	G18 选择 XZ 平面;
G19		YZ 平面	G19 选择 YZ 平面。
G20	06	英寸输入	
G21		毫米输入	
G22		脉冲当量	
G24	03	镜像开	G24 X_ Y_ Z_ X,Y,Z:镜像位置
G25		镜像关	指令格式和参数含义同上
G28	00	回归参考点	G28 X_ Y_ Z_ X,Y,Z:回参考点时经过的中间点
G29		由参考点回归	G29 X_ Y_ Z_ X,Y,Z:返回的定位终点
G40	09	刀具半径补偿取消	G17(G18/G19) G40(G41/G42) G00(G01) X_ Y_ Z_ D_ (F_) X,Y,Z:G01/G02 的参数,即刀补建立或取消的终点 D:G41/G42 的参数,即刀补号码(D00-D99)代表刀补表中对应的半径补偿值
G41		左半径补偿	
G42		右半径补偿	
G43	10	刀具长度正向补偿	G17(G18/G19) G43(G44/G49) G00(G01) X_ Y_ Z_ H_ X,Y,Z:G01/G02 的参数,即刀补建立或取消的终点 H:G43/G44 的参数,即刀补号码(H00-H99)代表刀补表中对应的长度补偿值
G44		刀具长度负向补偿	
G49		刀具长度补偿取消	
G50	04	缩放关	G51 X_ Y_ Z_ P_ M98 P_ G50 X,Y,Z:缩放中心的坐标值 P:缩放倍数
G51		缩放开	
G52	00	局部坐标系设定	G52 X_ Y_ Z_ X,Y,Z:局部坐标系原点在当前工件坐标系中的坐标值
G53		直接坐标系编程	机床坐标系编程
G54	12	选择工作坐标系 1	GXX
G55		选择工作坐标系 2	
G56		选择工作坐标系 3	
G57		选择工作坐标系 4	
G58		选择工作坐标系 5	
G59		选择工作坐标系 6	
G60	00	单方向定位	G60 X_ Y_ Z_ X,Y,Z:单向定位终点

(续)

代码	分组	意义	格式
G61	12	精确停止校验方式	在 G61 后的各程序段编程轴都要准确停止在程序段的终点,然后再继续执行下一程序段
G64		连续方式	在 G64 后的各程序段编程轴刚开始减速时(未达到所编程的终点)就开始执行下一程序段。但在 G00/G60/G09 程序中,以及不含运动指令的程序段中,进给速度仍减速到 0 才执行定位校验
G65	00	子程序调用	指令格式及参数意义与 G98 相同
G68	05	旋转变换	G17 G68 X_ Y_ P_ G18 G68 X_ Z_ P_ G19 G68 Y_ Z_ P_ M98 P_ G69 X,Y,Z:旋转中心的坐标值 P:旋转角度
G69		旋转取消	
G73	06	高速深孔加工循环	G98(G99) G73 X_ Y_ Z_ R_ Q_ P_ K_ F_ L_ G98(G99) G74 X_ Y_ Z_ R_ P_ F_ L_ G98(G99) G76 X_ Y_ Z_ R_ P_ I_ J_ F_ L_ G80 G98(G99) G81 X_ Y_ Z_ R_ F_ L_ G98(G99) G82 X_ Y_ Z_ R_ P_ F_ L_ G98(G99) G83 X_ Y_ Z_ R_ Q_ P_ K_ F_ L_ G98(G99) G84 X_ Y_ Z_ R_ P_ F_ L_ G85 指令同上,但在孔底时主轴不反转 G86 指令同 G81,但在孔底时主轴停止,然后快速退回 G98(G99) G87 X_ Y_ Z_ R_ P_ I_ J_ F_ L_ G98(G99) G88 X_ Y_ Z_ R_ P_ F_ L_ G89 指令与 G86 相同,但在孔底有暂停 X,Y:加工起点到孔位的距离 R:初始点到 R 的距离 Z:R 点到孔底的距离 Q:每次进给深度(G73/G83) I,J:刀具在轴反向位移增量(G76/G87) P:刀具在孔底的暂停时间 F:切削进给速度 L:固定循环次数
G74		反攻丝循环	
G76	06	精镗循环	
G80		固定循环取消	
G81		钻孔循环	
G82		带停顿的单孔循环	
G83		深孔加工循环	
G84		攻丝循环	
G85		镗孔循环	
G86		镗孔循环	
G87		反镗循环	
G88		镗孔循环	
G89		镗孔循环	
√G90	13	绝对值编程	GXX
G91		增量值编程	
G92	00	工作坐标系设定	G92 X_ Y_ Z_ X,Y,Z:设定的工件坐标系原点到刀具起点的有向距离

(续)

代码	分组	意义	格式
G94	14	每分钟进给	
G95		每转进给	
√G98	15	固定循环返回起始点	G98：返回初始平面
G99		固定循环返回到R点	G99：返回R点平面

二、M代码

代码	意义	格式
M00	程序停止	
M02	程序结束	
M03	主轴正转起动	
M04	主轴反转起动	
M05	主轴 停止转动	
M06	换刀指令（铣）	M06 T_
M07	切削液开启（铣）	
M08	切削液开启（车）	
M09	切削液关闭	
M30	结束程序运行且返回程序开头	
M98	子程序调用	M98 Pnnnn Lxxx 调用程序号为Onnnn的程序xxx次。
M99	子程序结束	子程序格式： Onnnn — M99

参 考 文 献

[1] 赵正文. 数控铣床/加工中心加工工艺与编程. 北京:中国劳动社会保障出版社,2006
[2] 孙连栋. 加工中心(数控铣工)实训. 北京:高等教育出版社,2011
[3] 韦富基 李振尤. 数控车床编程与操作 北京:电子工业出版社 2008
[4] 李华志 数控加工工艺与装备 北京:清华大学出版社,2005
[5] 韩鸿鸾. 数控编程. 北京:劳动社会保障出版社,2004
[6] 陈宏钧. 实用机械加工工艺手册. 北京:机械工业出版社,2005
[7] 陈兴云,姜庆华. 数控机床编程与加工. 北京:机械工业出版社,2009
[8] 卢万强. 数控加工工艺与编程. 北京:北京理工出版社,2011
[9] 李华. 机械制造技术 北京:高等教育出版社,2005
[10] 嵇宁. 数控加工编程与操作 北京:高等教育出版社,2008
[11] FANUC 0i Mate – MC 操作说明书
[12] 华茂发. 数控机床加工工艺. 北京:机械工业出版社,2000
[13] 于华. 数控机床的编程及实例. 北京:机械工业出版社,2001
[14] 程鸿思,赵军华. 普通铣削加工操作实训. 北京:机械工业出版社,2008
[15] 刘书华. 数控机床与编程. 北京:机械工业出版社,2001
[16] 唐应谦. 数控加工工艺学. 北京:中国劳动社会保障出版社,2000
[17] 王维. 数控加工工艺及编程. 北京:机械工业出版社,2001
[18] 顾京. 数控机床加工程序编制. 北京:机械工业出版社,2001
[19] 展迪优. UG NX8.0 数控加工教程. 北京:机械工业出版社.2012
[20] 张丽华,马立克. 数控编程与加工技术. 北京:大连理工大学出版社.2006
[21] 杨显宏. 数控加工编程技术. 电子科技大学出版社.2006

参考文献

[1] 杨青文. 农作物病虫害识别及山西省主要杂草原色图鉴. 北京: 中国林业出版社, 2006.
[2] 翟洪民. 无公害农产品生产技术[农药卷]. 北京: 金盾出版社, 2011.
[3] 吴次芳, 等. 土地利用规划. 北京: 科学出版社, 2008.
[4] 罗华伟. 我国农业现代化发展研究. 北京: 中央文献出版社, 2005.
[5] 杨怀东. 农业政策学. 北京: 中国农业出版社, 2004.
[6] 屈宝香. 我国粮食综合生产能力. 北京: 中国农业出版社, 2005.
[7] 熊振民. 水稻. 等. 寒地水稻栽培技术与原理. 黑龙江: 哈尔滨出版社, 2000.
[8] 陈温福. 水稻超高产育种. 北京: 北京农业科学技术出版社, 2011.
[9] 李金才. 作物高产栽培. 北京: 中国农业出版社, 2008.
[10] 杨艳军. 农业科研成果转化. 北京: 中国农业科学技术出版社, 2008.
[11] UNCTAD. Waste Management 和 资源回收.
[12] 曾希柏. 农业资源经济学. 下册. 北京: 中国农业出版社, 2009.
[13] 王立阳. 蔬菜高效栽培新技术新品种. 北京: 中国农业出版社, 2007.
[14] 陈志诚, 等. 作物高产栽培与现代农业. 北京: 中国农业出版社, 2008.
[15] 刘世平. 作物育种学. 北京: 中国农业出版社, 2001.
[16] 张志良, 刘存德. 作物栽培学. 北京: 中国农业科学技术出版社, 2002.
[17] 王洪林. 水稻栽培学. 北京: 中国农业出版社, 2005.
[18] 赵广才. 小麦高产高效栽培技术. 北京: 中国农业出版社, 2009.
[19] 王立丰. 玉米高产高效栽培技术. 北京: 中国农业出版社, 2012.
[20] 李洪涛. 现代农业生产技术与实践. 北京: 中国农业出版社, 2006.
[21] 刘振华. 现代农业生产技术. 北京: 中国农业出版社, 2006.